U0249292

中等职业教育化学工艺专业规划教材编审委员会

主任　邬宪伟

委员（按姓名笔画为序）

中等职业教育化学工艺专业规划教材
全国化工中等职业教育教学指导委员会审定

化 工 识 图

主编：董月芬
主审：赵少贞

化学工业出版社

·北京·

本书是为了适应目前化工发展对中职教育的需要，根据全国中等职业教育化学工艺专业教学改革工作精神和《全国中等职业教育化学工艺专业教学标准》对中职学生该掌握和了解的有关技术理论知识和工艺操作能力的内容，采用模块化形式编写的。

　　本书分两大部分，第一部分为基础部分，包括绪论、识图的基本知识，第二部分为化工识图，包括化工设备的识读、方块图的绘制与识读、PFD 和 PID 图的识读、管道单线图的识读。内容适用，通俗易懂，针对性强。

　　本书适合作为中职、中专和技校化学工艺和化工机械专业的专业基础课教材，也可供企业培训和技术人员自学使用。

图书在版编目（CIP）数据

　　化工识图/董月芬主编. —北京：化学工业出版社，2008.7（2021.7重印）

　　中等职业教育化学工艺专业规划教材

　　ISBN 978-7-122-03093-1

　　Ⅰ. 化…　Ⅱ. 董…　Ⅲ. 化工设备-识图-专业学校-教材　Ⅳ. TQ050.2

　　中国版本图书馆 CIP 数据核字（2008）第 086154 号

责任编辑：李　娜　高　钰　旷英姿　　　　　　装帧设计：周　遥
责任校对：宋　玮

出版发行：化学工业出版社（北京市东城区青年湖南街 13 号　邮政编码 100011）
印　　装：涿州市般润文化传播有限公司
787mm×1092mm　1/16　印张5¾　插页4　字数126千字　　2021 年 7 月北京第 1 版第 9 次印刷

购书咨询：010-64518888　　　　　　　　　　售后服务：010-64518899
网　　址：http://www.cip.com.cn
凡购买本书，如有缺损质量问题，本社销售中心负责调换。

定　　价：20.00 元

序

　　"十五"期间我国化学工业快速发展，化工产品和产量大幅度增长，随着生产技术的不断进步，劳动效率不断提高，产品结构不断调整，劳动密集型生产已向资本密集型和技术密集型转变。化工行业对操作工的需求发生了较大的变化。随着近年来高等教育的规模发展，中等职业教育生源情况也发生了较大的变化。因此，2006年中国化工教育协会组织开发了化学工艺专业新的教学标准。新标准借鉴了国内外职业教育课程开发成功经验，充分依靠全国化工中职教学指导委员会和行业协会所属企业确定教学标准的内容，注重国情、行情与地情和中职学生的认知规律。在全国各职业教育院校的努力下，经反复研究论证，于2007年8月正式出版化学工艺专业教学标准——《全国中等职业教育化学工艺专业教学标准》。

　　在此基础上，为进一步推进全国化工中等职业教育化学工艺专业的教学改革，于2007年8月正式启动教材建设工作。根据化学工艺专业的教学标准以核心加模块的形式，将煤化工、石油炼制、精细化工、基本有机化工、无机化工、化学肥料等作为选用模块的特点，确定选择其中的十九门核心和关键课程进行教材编写招标，有关职业教育院校对此表示了热情关注。

　　本次教材编写按照化学工艺专业教学标准，内容体现行业发展特征，结构体现任务引领特点，组织体现做学一体特色。从学生的兴趣和行业的需求出发安排知识和技能点，体现出先感性认识后理性归纳、先简单后复杂循序渐进、螺旋上升的特点，任务（项目）选题案例化、实战化和模块化，校企结合，充分利用实习、实训基地，通过唤起学生已有的经验，并发展新的经验，善于让教学最大限度地接近实际职业的经验情境或行动情境，追求最佳的教学效果。

　　新一轮化学工艺专业的教材编写工作得到许多行业专家、高等职业院校的领导和教育专家的指导，特别是一些教材的主审和审定专家均来自职业技术学院，在此对专业改革给予热情帮助的所有人士表示衷心的感谢！我们所做的仅仅是一些探索和创新，但还存在诸多不妥之处，有待商榷，我们期待各界专家提出宝贵意见！

邬宪伟

2008 年 5 月

前　　言

为了适应目前化工发展对中等职业教育及职工教育培训的需要，根据全国中等职业教育化学工艺专业教学改革工作精神，和《全国中等职业教育化学工艺专业教学标准》对中等职业教育的学生该掌握和了解的有关技术理论知识和工艺操作能力的内容，编写了《化工识图》。

编写之前，编者们多次讨论了《全国中等职业教育化学工艺专业教学标准》中化工识图方面对中等职业教育的需要，在对其内容范围和深浅程度有了充分理解的基础上，兼顾了中、高级技术工人在操作技能上的差别及其在基本理论知识上的共同特点，注重理论联系实际，紧密围绕化工生产的实际，由浅入深、由易到难地提出问题、分析问题、解决问题，并列举了生产中的工程实例。在文字表述方面力求做到用语通俗易懂；图例、表格清晰；术语、名词及符号符合新规定。

本书编写过程中，特别加重了针对管道各种图样的原理与方法的介绍，如管道的平面图、轴测图和剖视图及与之相应的厂房建筑图，也着重介绍了管子、管件附件、设备构筑物等的图示方法，以便能顺利地识读好工艺方块图、工艺流程图、管道布置图、设备布置图等图样。

本书编者总结了多年的教学经验和了解了中等职业教育的学生迫切需要的识图知识，参考了同类型的教材，扬长避短，在既具有本书特色又能通俗易懂、全面和实用的原则指导下，编写了本书，力争做到内容精练，深浅适度，突出技能，结构合理。编写中参考了《化工工艺设计施工图内容和深度》（HG/T 20519—2009）、《房屋建筑制图标准》（GB/T 50001—2001）和《总图制图标准》（GB/T 50103—2001）作为本书的依据。

此次编写涉及到的工程实例，多采用化工企业生产及管理中的新标准、新技术、新工艺、新设备等方面的内容。同时，为了授课的方便和读者更好地理解和掌握图书内容，在每章末均附了小结、教学建议和思考与练习。

本书分两大部分：第一部分为基础部分，包括绪论、模块一（化工识图的基本知识）；第二部分为化工识图，包括模块二（化工设备图的识读）、模块三（工艺方块图的绘制与识读）、模块四（PFD图和PID图的识读）、模块五（管道单线图的识读）。其中绪论、模块一和模块五由石家庄职业技术学院的董月芬编写，模块二由石家庄鹿泉职教中心的聂延敏编写，模块三由广西柳州化工技校的刘洪波编写，模块四由辽宁本溪化工学校的郭成林编写，主编董月芬，主审由广东化工学校的赵少贞老师担任。

由于编者水平有限，不妥和疏漏之处在所难免，希望大家在使用过程中随时提出宝贵意见，以便修正。

编　者
2008 年 5 月

目　　录

绪 论

1. 化工识图课程学习意义

化工识图课程在中职类化工工艺专业学生学习中，属于必修的专业基础课。国家教育部对中等职业教育培养目标的定位是一线的技术工人，依据这一培养目标，培养学生的知识特点是工程知识高于化学理论，识图能力高于制图能力。化工识图课程涉及到后续专业课程的学习，因此识图技能的掌握与否真正体现了学生未来的职业能力。

2. 学习内容

介绍了化工工艺专业一线技术生产人员必须掌握的化工识图方面的知识，主要内容分为：第一部分识图的基本知识，即模块一，介绍图样的内容、图示的原理等；第二部分化工识图包括化工工艺图和化工设备图两部分，即模块二到模块五，用于培养学生识读化工工程专业图样的能力。

3. 学习方法

本课程是理论与实际联系的桥梁。教材的第一部分为基本知识，宜采用课堂教学，建议以工程图纸为教具。第二部分为识图部分宜采用提倡的行为导向法，先安排一定课时的参观和现场教学，或以实物模型为教具，明确学习目标，再进行课堂教学。

模块一　化工识图的基本知识

各种工作岗位都需要与人交流，工程上是借助于图纸作为交流工具，可以说图是一种工程语言。设计人员通过图纸传递他的思路及意图，生产中看懂图纸是一项基本技能。正如日常生活中与人交流需要有一定的词汇，清楚语法一样，工程技术上，要想掌握识读图纸的技能，也应该清楚绘图的规则和规定画法，因此应了解制图的原理，熟悉图的表达方式。

化工生产的过程是一项需要多专业工程技术人员共同配合、相互交流与协作才能完成的庞大的系统工程。化工生产装置的建设无论是设计、制造，还是安装施工，均离不开工程图样；装置的开停车、设备检修、技术改造，以及生产过程中的组织与调度，也离不开工程图样；化工新产品的研发，也同样离不开工程图样。工程图是进行化工过程研究，生产装置的设计、制造、安装施工必需的技术文件，也是化工企业的生产组织与调度、技术改造与过程优化，以及工程技术人员与管理人员熟悉和了解化工生产过程必需的技术参考资料。因此，识图是必备的一项技能。

课题一　化工工程图的绘图原理

一、化工工程图的绘图原理

1. 正投影原理

在工程图样中，一般采用正投影法表达物体的结构。正投影法指投射线相互平行且垂直于投影面的投影方法。如图 1-1 所示为一水平管子的正投影图。

图 1-1　管子的投影

2. 工程图的三个投影面

空间物体具有长、宽、高三个方向的形状，当物体相对投影面正放时所得的单面正投影，只反映物体两个方向的形状，如图 1-2 所示是一圆柱和一长方体在三个投影面的投影，两物体虽然形状不同，但在正面和侧面的投影却相同，因此要明确地反映物体的形状，常需三个投影面。如图 1-3 所示，三个投影面分别为水平面（H 平面）、正面（V 平面）和侧面（W 平面），三个平面互相垂直。H 平面与 V 平面相交得到 OX 轴，H 平面与 W 平面相交得到 OY 轴，V 平面与 W 平面相交得到 OZ 轴。在 H 平面上可以反映物体长、宽两方向的几何形状；在 V 平面上可以反映物体长、高两方向的几何形状；在 W 平面（有左侧面和右侧面）上可以反映物体高、宽两方向的几何形状。即物体长、宽、高尺寸可通过三个投影面上的投影图得到。

图 1-2　某圆柱体和立方体的三面投影图

图 1-3　三个投影面

3. 物体的三视图

某一物体按正投影法向投影面投射即得到该物体的投影。物体的投影实际上是人们沿投射方向观察物体得到的图形，因此投影通常称为视图。如图 1-2 所示为一圆柱和长方体的三视图。

圆柱垂直于 H 平面，在 H 平面上的投影为圆，在 V 平面上的投影为矩形，在 W 平面上的投影为矩形。而长方体在 H 平面上的投影却为矩形，在 V 平面和 W 平面上投影与圆柱相同。

（1）主视图　将物体从前向着后面的正立投影面投影，即得到该物体的主视图，其位置不动。

（2）俯视图　将物体从上向着下面的水平投影面投影，即得到该物体的俯视图，然后将该图形绕 OX 轴向下旋转 90°，画在其主视图的正下方。

（3）左视图 将物体从左侧向着右侧的右侧立投影面投影，即得到该物体左视图，然后将该图形绕 OZ 轴向右后方旋转 90°，画在其主视图的右侧。

一般一个物体的三视图指主视图、俯视图、左视图；有时某些特定类型的三视图指主视图、俯视图、右视图。将物体从右侧向着左侧的立投影面投影，即得到该物体的右视图；然后将该图形绕 OZ 轴向左后方旋转 90°，画在其正立面图的左侧。

当图 1-2 中的圆柱在投影面上的三视图用图 1-4 表示时，不再注明 H、V、W 三个投影面。

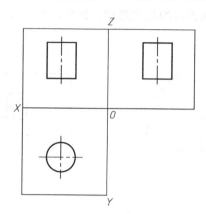

图 1-4　某圆柱体的三面正投影图

如果把图 1-2 所示的圆柱标明直径 D 和高度 H，如图 1-5 所示，则图 1-4 上标明直径和高度的图变成了图 1-6 所示。

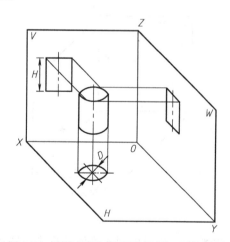

图 1-5　标明直径和高度的圆柱三面投影图

从中可得出结论：

主视图（V 平面图）和俯视图（H 平面图）的长度相等；

左视图（W 平面图）和俯视图（H 平面图）的宽度相等；

主视图（V 平面图）和左视图（W 平面图）的高度相等；

即工程上三视图投影规律是：长对正，宽相等，高平齐。

二、化工工程图的基本知识

图样是机器制造和生产过程中的重要技术文件之一，用来指导生产和进行技术交流，起

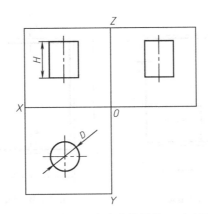

图 1-6 标明直径和高度的某圆柱三面正投影

到了工程语言的作用，必须有统一的规定。这些规定由国家制订和颁布实施，如国家标准《技术制图图线》（GB/T 17450—1998），国家标准《技术制图图样画法视图》（GB/T 17451—1998）等。

国家标准简称国标，其代号为"GB"，例如 GB/T 17450—1998，其中 17450 为标准的编号，1998 表示该标准是 1998 年颁布的。

本节简要介绍有关图纸幅面、比例、图线等几个标准。

1. 图面组成及幅面尺寸（GB/T 14689—93）

为了便于图样的绘制、使用和管理，工程图样均应画在具有一定的格式和幅面的图纸上，一般优先采用表 1-1 所规定的基本幅面。A_0、A_1、A_2 图纸一般不得加长，A_3、A_4 号图纸可按需要沿短边的倍数加长。

选择图纸幅面尺寸时，应保证图面布局紧凑，清晰和使用方便的前提下选用，同时应考虑下列因素：

（1）所设计对象的规模和复杂程度；

（2）由图的种类所确定的资料的详细程度；

（3）尽量选用较小幅面；

（4）便于图纸的装订和管理；

（5）复印和缩微的要求。

图纸上必须用粗实线画出图框，图框格式分为留有装订边和不留装订边两种。同一产品的图样只能采用一种格式。

留有装订边的图纸，其图框格式如图 1-7（a）和（c）所示，其中图（a）所示为横放图幅，图（c）所示为竖放图幅；不留有装订边的图纸，其图框格式如图 1-7（b）所示和（d）所示，其中图（b）所示为横放图幅，图（d）所示为竖放图幅，尺寸 a、c、e 随图幅大小按表 1-1 的规定选用。

表 1-1 图纸的基本幅面及图框尺寸   /mm

幅面代号	A_0	A_1	A_2	A_3	A_4	A_5
$B \times L$	841×1189	584×841	420×594	297×420	210×297	148×210
a	25					
e	10			5		
c	20		10			

(a)留有装订边的横放图样格式

(b) 不留装订边横放图样格式

(c)留有装订边的竖放图样格式

(d)不留装订边竖放图样格式

图 1-7　图框格式与标题栏方位

　　图面中的标题栏用以确定图纸名称、图号、张次、更改和有关人员签署等内容的栏目。正式图样必须有标题栏，方位一般是在图纸的右下方。看图时将标题栏放在右下方，而不是相对图纸的装订边而言，标题栏的格式如图 1-8 所示。

图 1-8　标题栏的格式

2. 比例 (GB/T 14290—93)

比例是指图形与其实物相应要素的线性尺寸之比。

(1) 有关比例的术语（见表1-2） 不论图形放大或缩小，在图样中所注的尺寸，其数值必须按物体的实际大小标注。如图1-9所示，可知尺寸标注与比例无关。

图1-9 尺寸数字与图形比例无关

表1-2 比例的术语

术　　语	定　　义
原值比例	比值为1的比例,即1∶1
放大比例	比值大于1的比例,如2∶1等
缩小比例	比值小于1的比例,如1∶2等

(2) 比例系列 工程图上优先和允许采用的比例见表1-3。

表1-3 比例系列

	种　类	比　　例
优先采用比例	原值比例	1∶1
	放大比例	2∶1　5∶1　1×10^n∶1　2×10^n∶1　5×10^n∶1
	缩小比例	1∶2　1∶5　1∶10　$1∶1\times10^n$　$1∶2\times10^n$　$1∶5\times10^n$
允许采用比例	放大比例	4∶1　2.5∶1　4×10^n∶1　2.5×10^n∶1
	缩小比例	1∶1.5　1∶2.5　1∶3　1∶4　1∶6　$1∶1.5\times10^n$　$1∶2.5\times10^n$　$1∶3\times10^n$　$1∶4\times10^n$　$1∶6\times10^n$

(3) 比例的基本标注方法

① 比例的符号应以"∶"表示。比例的表示方法用1∶2、1∶10等。

② 绘制同一项目的各个视图时，应尽可能采用相同的比例，以便于绘图和看图。

③ 比例一般应标注在标题栏中的比例栏内。

3. 图线及其画法

绘制化工工程图所用的各种线条统称为图线。为了使图形清晰、含义清楚、绘图方便，通常采用表1-4所示的图线形式。

4. 字体

图面上的汉字、字母和数字是图的重要组成部分，因此字体必须符合标准，做到字体端正、笔画清楚、排列整齐、间距均匀，且应完全符合《机械制图字体》GB 4457.3—84的规定。一般汉字采用长仿宋体，字母可以用正体，也可用斜体（向右斜体，与水平线成75°角），可以用大写，也可以用小写，但不得书写草体。数字可用正体，也可用斜体。字体的号数是指字体的高度（mm）分为20、14、10、7、5、3.5、2.5七种，字体的宽高比约为2/3。图面上字体的大小，应依图幅而定，字号与幅面应协调。常用字号见表1-5。

表 1-4　图线类型及用途

名　称	图线类型	宽度 d/mm		主要用途
粗实线	————————	1.2	0.9	工艺物料管线
细实线	————————	0.3	0.15	尺寸线、尺寸界线、引出线、通用剖面线等
中实线	————————	0.7	0.5	辅助管线、建筑物及设备轮廓线等
粗点划线	—— - —— - —— -	1.2	0.9	限定范围的表示线,分区界线等
细点划线	— - — - — -	0.3	0.15	轴线、圆中心线、对称线等
粗虚线	—— —— —— ——	1.2	0.9	热力管线中冷凝水管线
波浪线	〰〰〰〰	0.3	0.15	断裂处边界线、局部剖视的分界线

表 1-5　常用字号

书写内容	推荐字号/mm	书写内容	推荐字号/mm
图标中的图名及视图符号	7	图名	7
工程名称	5	表格中的文字	5
图纸中的文字说明及轴线线号	5	表格中的文字(小于 6mm)	3.5
图纸中的数字及字母	3,3.5		

5. 标高

在工程图中,标高表示各构件在垂直方向的位置。管道和设备的在高度方向的安装位置通常用标高表示。标高有相对标高和绝对标高之分,绝对标高是指以青岛黄海的海平面为零平面;相对标高是指选用一个基准面(选用建筑物一层地平面作为 EL±0.000 平面),与之相比。单位:米(m),用数字××.×××表示。要表明工艺管道在空间位置(高度),应用相对标高标注,一般工艺管道的标高指管道的中心标高,用 EL××.×××表示管道的中心线标高;POS EL××.×××表示支承点标高;BOP EL××.×××表示管底标高。

标注位置放在管道的起讫点、转角、连接、变坡点、交叉点处。标高在平面图和轴测图中的标注分别如图 1-10、图 1-11 所示。

图 1-10　在平面图管道标高的标注方式

图 1-11　在系统轴测图中管道标高的标注方式

6. 物料代号

每一趟工艺管道所运输不同介质，应标注上规定字母进行标号，以便相互区别，如果图中仅有一种管道时可省略。一般所注的规定字母为物料代号，用按介质的名称和状态取其英文名词的字头组成，采用2～3个大写英文字母表示，见表1-6所示。

表1-6 物料代号（HG/T 20519.2—2009）

类别	物料名称	代号	类别	物料名称	代号
工艺物料	工艺空气	PA	制冷剂	气氨	AG
	工艺气体	PG		液氨	AL
	工艺液体	PL		气体乙烯或乙烷	ERG
	工艺固体	PS		液体乙烯或乙烷	ERL
	工艺物料(气液两相流)	PGL		氟里昂气体	FRG
	工艺物料(气固两相流)	PGS		气体丙烯或丙烷	PRG
	工艺物料(液固两相流)	PLS		液体丙烯或丙烷	PRL
	工艺水	PW		冷冻盐水回水	RWR
空气	空气	AR		冷冻盐水上水	RWS
	压缩空气	CA	其他物料	排液、导淋	DR
	仪表用空气	IA		熔盐	FSL
蒸汽及冷凝水	高压蒸汽	HS		火炬排放气	FV
	中压蒸汽	MS		氢	H
	低压蒸汽	LS		加热油	HO
	伴热蒸汽	TS		惰性气体	IG
	蒸汽冷凝水	SC		氮	N
	锅炉给水	BW		氧	O
	化学污水	CSW		泥浆	SL
	循环冷却水回水	CWR		真空排放气	VE
	循环冷却水上水	CWS		放空	VT
	脱盐水	DNW	油料	污油	DO
	自来水、生活用水	DW		燃料油	FO
	消防水	FW		填料油	GO
	热水回水	HWR		润滑油	LO
	热水上水	HWS		原油	RO
	原水、新鲜水	RW		密封油	SO
	软水	SW	增补代号	气氨	AG
	生产废水	WW		液氨	AL
燃料	燃料气	FG		氨水	AW
	液体燃料	FL		转化气	CG
	固体燃料	FS		天然气	NG
	天然气	NG		合成气	SG
	液压石油气	LPG		尾气	TG
	液压天然气	LNG			

图 1-12 某工段管道及仪表流程图 (PID 图)

7. 图例

图例是用简单的图样而并不完全反映实物的符号表示管件及附属件的特征。在管道及仪表流程图上，应按 HG/T 20519.2—2009 规定的图例绘出所用化工设备、阀门、主要管件和管道附件，如图 1-12 所示。管道及仪表流程图上常用的阀门图例见书后附表 1 所示；化工设备常用的图例见书后附表 2 所示；管子及管件图例见书后附表 3 所示。

8. 坡度

坡度是指水平敷设的管路，上升高度与其水平距离的比值。通常用坡度表示管道坡向，如图 1-13 所示，坡度包括三部分，i 是坡度符号，数字表示坡度值，箭头表示坡向（并非介质流向），箭头指向管道低的一端，尾高头低。$i=0.003$ 含义是此管道坡度值是 0.003。例如燃气，水蒸气等管道要标明管道的坡向。

图 1-13　管道坡度与坡向

9. 管径标注

一般管道的尺寸用管道通径表示，标注的位置通常在管道变径处，水平管道的上方，竖管道的左侧，斜管道的斜上方，通常与管道代号连在一起标注，如图 1-14 所示。单独标注管径时，有以下几种表示。

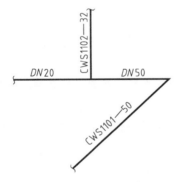

图 1-14　管径标注的位置

（1）公称通径　仅与制造尺寸有关且引用方便的一个圆整数值，是管道系统中除了用外径或螺纹尺寸代号标记元件以外的所有元件通用的一种规格标记。既不是实测的内径，也不

(a) 单管管径的标注方式　　(b) 多管的管径的标注

图 1-15　管径的标注方式

是实际外径，表示为 DN。低压流体镀锌管和黑铁管、塑料管、铸铁管，水煤气管的规格用公称通径表示，常用的规格等级有 DN15、DN20、DN25、DN40、DN50 等。

（2）用 D 表示   大管径的螺纹管、无缝钢管和不锈钢管等规格用 D 外径×壁厚表示。

（3）用 φ 表示   塑料通风管的规格用 φ 外径×壁厚表示。

管径的标注方式分为两种：一种是单管的标注方式，如图 1-15（a）所示；另一种是多管的标注方式，如图 1-15（b）所示。

小结

本模块为识图的通用知识，重点讲解化工工程图使用的标准及术语，绘图的原理。难点是工程图绘制的原理。

教学建议

模块一为识图的通用知识，可通过一套工程图组织一次认知实训，熟悉一下工程图的组成和图纸的内容。

思考与练习

想一想

1. 三视图的投影规律是什么？常用的三视图指的是什么？它们是如何排列的？具体名称是什么？

2. 国家标准对工程图的图幅、比例、线型、字体有何规定？

做一做

1. 某水蒸气管道介质流向如习题图 1-1 所示，该管道设有坡度，坡向始端，值为 0.002。

（1）在图上表示出管道的坡度。

（2）通过图可知：该管道所输送的介质_____，管道的规格_____，管道的编号为_____。

（3）该介质的流向为_____。

LS1101—57×3.5

习题图 1-1

2. 镀锌钢管的实测内径为 25.4mm，规格表示为_____，无缝钢管的外径为 89mm，壁厚为 4.5mm，规格表示为_____，铸铁管实测内径为 50.4mm，规格表示为_____。

模块二 化工设备图的识读

化工生产离不开化工设备和机械，尤其是重要和核心的设备，更是生产中的关键。作为工艺操作人员，熟悉机器设备的基本结构及工作原理，将是安全操作的重要保证。通过本模块的学习，能了解到化工设备的分类和化工设备图基本知识，熟悉设备图的图示特点，掌握识读设备图的方法，便捷直观地掌握设备的基本结构。

课题一 化工设备的认识

一、化工设备结构特点

(一) 认识常见化工设备

化工设备很多，在工厂中常见的有反应器、换热器、塔器和化工容器等。

1. 反应器

反应器又称反应罐或反应釜，如图 2-1 所示。它的作用是使物料在其中进行化学反应。为控制反应的速度和温度，反应器往往带有搅拌装置和传热装置。

图 2-1 反应罐

反应器的结构主要由壳体、传热装置、搅拌装置、传动装置、轴封装置、其他装置（必要的支座、人孔或手孔、各种接管等通用零部件）等组成。

2. 换热器

换热器设备如图 2-2 所示。主要作用是使两种不同温度的物料进行热量交换以达到加热或冷却的目的。常见的换热器种类有列管式、套管式、螺旋板式等，其中列管式换热器最为常用。列管式换热器又分为多种型式，如：固定管板式、浮头式、填函式、U 形管式和滑动管板式等。

图 2-2　换热器

常用的固定管板式换热器结构主要由筒体、封头、支座、管束、固定管板、折流板等组成。

管束与两端封头连通，形成管程，筒体与管束围成的管外空间称壳程。工作时一种流体走管程，另一种流体走壳程。

3. 塔器

塔器主要指化工生产中的吸收、精馏、洗涤等操作设备，如图 2-3 所示。多为细而高的圆柱形立式设备，通常分为板式塔和填料塔两大类。板式塔有泡罩塔、筛板塔、浮阀塔及其他新型塔板等型式。填料塔也有各种型式。

蒸汽出口至冷凝器

来自冷凝器的回流液

送料

塔底产品

图 2-3　填料塔

结构主要由塔体、喷淋装置、填料、再分布器、栅板、气液体进出口、卸料孔、裙座等组成。

4. 化工容器

化工容器又称储罐，如图 2-4 所示。主要用来储存物料，分为立式和卧式两类。结构主要由筒体、封头、人孔、支座、液面计、加强圈等组成。

图 2-4　卧式储罐

（二）化工设备的结构组成

通过以上典型化工设备，可以总结出化工设备的结构组成如下：

（三）化工设备的常用标准零部件

各种化工设备结构形状虽然不同，但是有一些零部件的作用相同。如设备的支座、人孔、连接各种管口的法兰等。为了便于设计、制造、检修，把这些零部件的结构形状统一成若干规格，使能相互通用，称为通用零部件。已制定并颁布标准的零部件，称为标准化零部件。标准零部件可以批量生产，规格相同的可以互换。

1. 筒体与封头

筒体是设备的主体部分，一般由钢板卷焊而成，直径较小的（<500mm）或高压设备的筒体一般采用无缝钢管。

封头是设备的重要组成部分，它与筒体一起构成设备的壳体。常见的封头形式有：椭圆形、半球形、碟形、球冠形等，如图 2-5 所示。另外有些特殊设备还采用锥形及平板形封头。一般椭圆形封头最为常见，封头与筒体可以焊接连接，也可通过法兰连接。

2. 法兰

法兰连接是一种可拆连接，能承受一定的压力，密封性能好，便于检修，在化工设备中应用较为广泛，结构组成：一对法兰、密封垫片、紧固件（螺栓和螺母）。法兰连接结构如图 2-6 所示。

(a)半球形封头   (b)椭圆形封头   (c)碟形封头   (d)球冠形封头

图 2-5　各种封头

图 2-6　法兰结构

按用途不同法兰可分为设备法兰（又称压力容器法兰）和管法兰。设备法兰用于设备筒体（或封头）的连接，管法兰用于管子的连接。

3．人孔和手孔

人孔和手孔的基本结构相同，是为了便于安装、检修或清洗设备内部的装置，在设备上开设的孔。如图 2-7 所示，手孔的直径，应使操作人员的手顺利通过，标准规定有 $DN150$ 和 $DN250$ 两种。人孔有圆形和椭圆形两种，圆形人孔的最小直径为 400mm，椭圆孔的最小尺寸为 400mm×300mm。

图 2-7　人孔结构

4．支座

设备的支座用来支撑设备的重量和设备固定，支座有适用立式设备和卧式设备两大类，下面介绍常见类型支座。

（1）悬挂式支座，又称耳式支座，简称耳座，用于悬挂立式设备，它的结构由两块肋板、一块底板和一块垫板焊接而成，如图 2-8 所示。垫板焊接在设备的筒体上，设备周围一般均匀分布四个耳座，小型设备也可用三个或两个耳座。

（2）鞍式支座是卧式设备中应用最广的一种支座，它主要由一块竖版、一块底板、若干

图 2-8　耳式支座的结构

F型A—A　　　　　S型A—A

图 2-9　鞍式支座的结构

图 2-10 立式计量罐

技术特性表

工作压力/MPa	常压	工作温度/℃	常温
设计压力/MPa	0.6	设计温度/℃	
物料名称	甲醛		
焊缝系数 φ		腐蚀裕度/mm	0.28
容器类别			
全容积/m³			

管口表

符号	公称尺寸	连接尺寸标准	连接面形式	数量	用途或名称
a	20	JB 81—1994 20-1	平面	2	物料出口
b	15	JB 81—1994 15-1	平面	8	取样口
c	150			8	手孔
d	20	JB 81—1994 20-1	平面	1	物料进口
e	20	JB 81—1994 20-1	平面	1	放空
f_{1,2}	20	JB 81—1994 20-16	平面	1	液面计

明细表

序号	图号与标准号	名称	数量	材料	单重总重	备注
14	GB/T 97.1—2002	垫片φ58×2.5×2	2	石棉橡胶	0.25	
13	GB/T 5782—2000	螺栓M12	8	Q235-A	0.09	
12	GB/T 170—2000	螺母M12	8	Q235-A	7.90	
11	HG 5-227—80	液面计DA Pg16 L=800	1	组合件		
10	JB/T 4712—2007	支承4×20 L=150	1	组合件	5.80	
9	JB 577—79	常压手孔Dg150	1		1.56	
8	JB/T 4736—95	补强圈Dg150,t=4	1	1Cr18Ni9Ti	27.6	
7	JB/T 4737—95	封头Dg600×4	2	1Cr18Ni9Ti	48.0	
6	JB/T 4725—92	筒体Dg600×4 H=8	1	1Cr18Ni9Ti	2.70	
5	JB/T 81—94	支座15-1	3	Q235-A	0.34	
4		法兰15-1		1Cr18Ni9Ti	0.02	
3	JB/T 81—94	接管φ18×3 L=100	5	1Cr18Ni9Ti	2.10	
2		法兰20-1		1Cr18Ni9Ti		
1		接管	5	1Cr18Ni9Ti	0.50	

技术要求

1.本设备按JB/T 4735—1997钢制焊接常压容器技术条件进行制造、试验和验收。

2.焊接采用电焊,焊条为:不锈钢之间及不锈钢与碳钢之间为奥132,碳钢之间为结422。

3.设备制造完毕后,盛水试漏。

肋板和一块弧形板组成，如图 2-9 所示。卧式设备一般用两个鞍式支座，一个为固定式（代号为 F），一个为滑动式（代号为 S）。

5. 其他标准零部件

在化工设备上，经常要用到这样的零件，如螺栓、螺母、螺钉、垫圈、键、销、滑动轴承等，国家标准对这些零件的结构、尺寸、参数和技术要求制定了统一标准。

（四）化工设备的结构特点

通过以上典型设备的结构分析，可以归纳出化工设备结构上的一些共同特点。

（1）设备的主体结构以回转形壳体为主；

（2）设备的主体尺寸与局部尺寸相差悬殊；

（3）壳体上有较多的开孔和接管；

（4）设备大量采用焊接结构；

（5）广泛采用标准化、通用化、系列化的零部件。

二、化工设备图的作用及内容

化工设备图是用来指导设备的制造、装配、安装、检验及使用和维修等的技术文件，如图 2-10 所示。一张完整的化工设备图应有以下基本内容。

（1）一组视图　用一组视图表示该设备的主要结构形状和零部件之间的装配关系。

（2）必要的尺寸　图中标注必要的尺寸，以表示设备的总体大小、规格、装配和安装等尺寸数据，为制造、装配、安装、检验等提供依据。

（3）零部件编号及明细栏　对设备上的每一种零部件必须依次编号，并在明细栏中填写各零部件的名称、规格、材料、数量及有关图号或标准号等内容。

（4）管口符号和管口表　设备上所有的管口（物料进出管口、仪表管口等），均需标注符号（按拉丁字母顺序编写）。在管口表中列出各管口的有关数据和用途等内容。

（5）技术特性表　用表格的形式列出设备的主要工艺特性（工作压力、工作温度、物料名称等）及其他特性（容器类别等）内容。

（6）技术要求　用文字说明设备在制造、检验时应遵循的规范和规定以及对材料表面处理、涂饰、润滑、包装、保管和运输等的特殊要求。

（7）标题栏　用以填写设备的名称、主要规格、作图比例、设计单位、图样编号，以及设计、制图、校审人员签字等项内容。

课题二　化工设备图的图示方法

一、化工设备图的图示特点

（一）化工设备图的表达方法

根据化工设备的结构特点，化工设备图有其特殊的表达特点。

1. 视图的选择和配置

化工设备的主体以回转体居多，结构简单，一般选用两个视图表达。立式设备采用主、俯两个视图，如图 2-10 所示；卧式设备采用主、左两个视图。主视图主要表达设备的装配关系、工作原理、基本结构，通常采用全剖视图或局部剖视图；俯（左）视图主要表达管口的径向方位及设备的基本形状。

剖视图是为了清晰表达设备内部结构形状，假想用剖切面剖开设备，将处在观察者和剖切面之间的部分移去，而将其余部分向投影面投射所得的图形称为剖视图，简称剖视。全剖视图是用剖切面完全地剖开设备所得的剖视图，如图 2-10 所示的主视图；局部剖视图是用剖切面局部地剖开设备所得的剖视图，如图 2-10 所示接管 c 的视图。

2. 多次旋转的表达方法

化工设备多为回转体，设备壳体周围分布着各种管口或零部件，为了在主视图上清楚地表达它们的真实形状、装配关系、轴向位置，可采用多次旋转的表达方法——假想将设备周向分布的一些接管、孔口或其他结构，分别旋转到与主视图所在的投影面平行的位置画出，并且不需要标注旋转情况。如图 2-10 所示的俯视图，接管 d 是按逆时针旋转了 60°之后在主视图上画出的。

3. 管口方位的表达方法

（1）管口的标注　主视图采用了多次旋转画法之后，在不同视图上，同一管口用相同的小写字母 a、b、c 等（称为管口符号）加以编号，避免混乱。相同管口的管口符号可用不同脚标的相同字母表示，如 a_1、a_2、a_3。

（2）管口方位图　管口在设备上的径向方位，除了在俯（左）视图上表示外，也可以画出设备的外圆轮廓，用中心线表示管口位置，用粗实线示意性画出设备管口，称为管口方位图。管口方位图上的标注与主视图的标注一致。

4. 局部结构的表达方法

化工设备的总体尺寸与局部尺寸相差悬殊，按基本视图比例绘制，无法表达清楚，因

图 2-11　设备断开表示示意图

此，化工设备图较多采用了局部详图的表达方法，局部详图多为局部放大图。如图 2-10 所示的 A—A 图为接管 e 的局部放大图。局部放大图可采用剖视或视图表示。局部放大图画在基本视图之外，并不按基本视图的比例，而是放大画出，但须注明采用的比例。

除采用局部放大的画法外，还使用夸大的表达方法，例如设备的壁厚、垫片、挡板等，其尺寸按比例无法清楚表示，需要适当地将其夸大，剖面符号允许用涂色的方法表示。

5. 断开和分段（层）的表达方法

较长（或较高）的设备，在一定长度（或高度）上的形状结构相同，或按规律变化或重复时，可以采用断开的画法。如图 2-11 所示。有些设备较长，若不宜采用断开画法，可以采用分段（层）的画法，如图 2-12 所示。

50×50×5
瓷环乱堆

50×50×5
瓷环整齐排列

80×80×8
瓷环整齐排列

图 2-12　设备分段表示示意图

（二）化工设备图的简化画法

化工设备上标准化零部件或结构形状简单的零部件，为简便作图，可采用简化画法。

1. 标准化零部件的简化画法

化工设备上结构已标准化的零部件，只需按主要尺寸、比例用粗实线画出它们的外形轮廓，在明细栏中注明其名称、规格、标准号等，如图 2-13 所示。

2. 重复结构的简化画法

（1）螺栓孔可用中心线和轴线表示，省略圆孔的投影，如图 2-14 所示。

（2）螺栓连接可用符号"×"（粗实线）表示，如图 2-14 所示。若数量较多且均匀分布时，可只画几个符号表示其分布方位即可。

（3）填料塔内的填料层可用相交的细实线表示，另用文字注明填料的材料、规格、数量等，如图 2-12 所示。对装有不同规格或堆放方法不同的填料，需分层表示。

（4）设备中按一定规律排列的管束（列管式换热器的换热管），如图 2-15 中只画出其中一根或几根管子，其余管子用轴线表示。

（5）多孔板上的直径相同、按一定角度规则排列的孔，用一定角度交叉的细实线表示出孔的中心位置及孔的分布范围，只需画出几个孔并注明孔数和孔径；若孔径相同且以同心圆

图 2-13 标准零部件的简化画法

图 2-14 螺栓连接的简化画法

的方式排列，其简化画法如图 2-16 所示。

3. 液面计的简化画法

化工设备中常见的玻璃液面计，在化工设备图中可用点画线和符号"＋"（粗实线）表示，如图 2-17 所示。

（三）化工设备图中的焊缝表达方法

焊接是化工设备中常用的连接方法，如筒体、封头、法兰等零部件的连接。

1. 焊接方法

国家标准 GB/T 5185—1985 规定，在图样中标注焊接方法用阿拉伯数字组成的代号表示。制造化工设备常用的焊接方法是电弧焊。根据操作方法不同分为电弧焊（代号 111）、埋弧焊（代号 12）。

2. 焊接接头

图 2-15　换热器列管的简化画法

图 2-16　同直径的多孔板的简化画法

图 2-17　液面计的简化画法

常见的焊接接头有对接、搭接、角接和 T 形接四种基本形式，如图 2-18 所示。

3. 焊缝的规定画法

国家标准 GB/T 12212—1990 规定，在图样中一般用焊缝符号表示焊缝，也可用图示法表示焊缝。但在同一图样中，只允许采用一种方法。在化工设备图中，焊缝的金属熔焊区涂黑表示，如图 2-18 所示。

(a) 对接　　　　　　(b) 搭接

(c) 角接　　　　　　(d) T 形接头

图 2-18　焊接接头与焊缝的示意图

二、化工设备图的尺寸标注

（一）尺寸注法

1. 基本规则

（1）机件的真实大小应以图样上所注的尺寸数值为依据，与图形的大小及绘图的准确度无关。

（2）图样中的尺寸以毫米为单位时，省略标注单位符号，如采用其他单位，则应注明相应的单位符号。

（3）图样中所注的尺寸为该图样所示机件的最后完工尺寸，否则应另加说明。

（4）机件的每一尺寸，一般只标注一次，并标注在反映该结构最清晰的图形上。

2. 尺寸的组成

一个完整的尺寸由尺寸界线、尺寸线及尺寸数字组成，如图 2-19 所示。

图 2-19　化工设备图的尺寸标注示意图

（1）尺寸界线　尺寸界线用细实线绘制，并应由图形的轮廓线、轴线或对称中心线处引出。也可利用轮廓线、轴线或对称中心线作尺寸界线。

（2）尺寸线　尺寸线用细实线绘制，其终端一般用箭头表示。尺寸线必须单独画出，与所标注的线段平行，不能用其他图线代替，一般也不得与其他图线重合或画在其延长线上。

（3）尺寸数字　图样中的尺寸数字必须清晰无误，大小一致。尺寸数字不能被任何图线通过。尺寸线水平时，线性尺寸数字标注在尺寸线的上方，字头向上；尺寸线垂直时，线性尺寸数字标注在尺寸线的左边，字头向左。

角度的数字一律水平注写，一般注写在尺寸线的中点处。

（二）化工设备图的尺寸标注

化工设备简图上的尺寸标注应满足制造、装配、检验、安装的要求。

1. 特性尺寸

反映设备的主要性能、规格的尺寸。如图 2-10 中的筒体的内径"$\phi600$"。

2. 装配尺寸

表示零部件装配关系和相对位置的尺寸，是制造化工设备的重要依据。应做到每一种零部件在设备简图上都有明确的定位。如图 2-10 中的管口的伸出长度"100"，管口 f 的尺寸"50"等。

3. 安装尺寸

表明设备安装在基础或其他构件上所需的尺寸。如图 2-10 中支座上地脚螺栓孔的直径"$\phi722$"等。

4. 总体尺寸

表示设备的总长、总宽、总高的尺寸，为设备的包装、运输、安装及厂房提供数据。如图 2-10 中总高尺寸"1270"。

5. 其他尺寸

根据化工设备图的需要还应注出：

（1）零部件的规格；

（2）设计的重要尺寸，如壁厚；

（3）不另行绘图的零部件尺寸。

三、化工设备图的其他组成

1. 管口表

管口表是说明设备上所有管口的用途、规格、连接面形式等内容的一种表格，供备料、制造、检验、使用时参考，也是读图时了解物料来龙去脉的重要依据，管口表一般画在明细栏的上方。格式如表 2-1 所示。

表 2-1　管口表

符　号	公称尺寸	连接尺寸标准	连接面形式	用途或名称

（1）管口表中的符号和视图中的符号一致，自上而下顺序填写，当管口规格、标准、用途完全相同时，合并成一项填写。

（2）公称尺寸栏按接管口的公称尺寸填写。无公称尺寸的管口，按接管口实际内径填写。

2. 技术特性表

技术特性表是将该设备的工作压力、工作温度、物料名称及反应设备特征和生产能力的重要技术特性指标用表格形式单独列出。一般放在管口表的上方。如表 2-2 和表 2-3 所示。

表 2-2　技术特性表一

工作压力/MPa		工作温度/℃	
设计压力/MPa		设计温度/℃	
物料名称			
焊缝系数		腐蚀裕度/mm	
容器类别			

表 2-3　技术特性表二

	管　程	壳　程
工作压力/MPa		
工作温度/℃		
设计压力/MPa		
设计温度/℃		
物料名称		
换热系数		
焊缝系数		
腐蚀裕度/mm		
容器类别		

3. 技术要求

技术要求作为设备制造、装配检验等过程中的技术依据，是化工设备简图上不可缺少的一项重要内容，通常包括以下几项内容。

（1）通用技术条件　通用技术条件是同类化工设备在制造、装配、检验等方面的技术规范。

（2）焊接要求　焊接是化工设备的主要制造工艺，是决定化工设备质量的一个重要方面，是检验化工设备的一项主要内容。在技术要求中，通常对焊接方法、焊条、焊剂等提出要求。

（3）设备的检验要求　一般对主体设备进行水压和气密性试验，对焊缝进行探伤等。技术要求中应对检验的项目、方法、指标作出明确要求。

（4）其他要求　说明在图中不能（或没有）表示出来的设备制造、装配、安装要求，以及设备的防腐、保温、包装、运输等方面的要求。

4. 零部件序号、明细栏和标题栏

零部件序号、明细栏和标题栏的内容、格式及要求与前面学过的工程图例要求一致。

课题三 化工设备图的识读

一、化工设备图工程实例

如图 2-20 所示为一化工反应器设备装配图。

二、化工设备图的识读方法

阅读化工设备图，一般按照下面的方法进行。

1. 概括了解

首先看标题栏，了解设备名称、规格、比例等内容；其次看明细栏，了解各零部件的数量及主要零部件的选型和规格等；第三粗看视图，并概括了解设备的管口表、技术特性表及技术要求中的内容。

2. 详细分析

(1) 视图分析　了解设备图中共有几个视图，各视图采用了哪些表达方法，并分析各视图之间的关系和作用等。

(2) 零部件分析　以主视图为中心，结合其他视图，详细分析各零部件的相关内容。

① 结构分析。弄清该零件的型式和结构特征，想像其形状。

② 尺寸分析。包括规格尺寸、装配尺寸、安装尺寸、总体尺寸及其他尺寸。

③ 功能分析。弄清该零部件在设备中的作用。

④ 装配关系分析。该零部件在设备上的位置及与主体或其他零部件的连接装配关系。

化工设备的零部件较多，对于主要的、较复杂的零部件及其装配关系要重点分析。并且按照先大后小、先主后次、先易后难的步骤，或者按序号顺序逐一进行分析。

对于标准化零部件，可根据其标准号和规格进一步分析。

对于接管，可根据管口符号，结合主视图与其他视图，弄清其轴向和径向位置，从管口表中了解其用途。管口分析是设备工作原理分析的主要方面。

(3) 分析工作原理　结合管口表，分析每一管口的用途及其在设备的轴向和径向位置，从而搞清各种物料在设备内的进出流向，这就是化工设备的主要工作原理。

(4) 分析技术特性和技术要求　通过技术特性表和技术要求，明确该设备的性能、主要技术指标和在制造、检验、安装等过程中的要求。

3. 归纳总结

在零部件的分析基础上，弄懂各零部件的形状以及在设备中的位置和装配关系，明白设备的整体结构特征，从而想像出设备的整体形状并对设备的用途、技术特性、主要零部件的作用、各种物料进出流向即设备的工作原理和工作过程等进行归纳总结，最后对该设备获得一个全面、清晰的认识。

三、设备图的识图分析

工程实例：××反应罐的设备图如图 2-20 所示，是一张在化工生产中常用的带搅拌的反应罐装配图。应用上述的读图步骤，可以了解到以下内容。

1. 概括了解

图2-20 反应器

技术特性表

序	名称	指标
1	工作压力	罐体 0.3MPa　夹套 冷冻
2	工作温度	40　-15　冷冻
3	传热面积	4
4	物料	溶液
5	电动机型	JQ2-3+4-2.2kW
6	搅拌速率	200r/min
7	全容积	1

技术要求

1. 本设备的罐体均用不锈钢复合钢板制作，复层材料为1Cr18Ni9Ti，主厚度为2mm。
2. 本设备的制作技术条件应按"不锈钢复合钢板制造暂行规定"及GB 150—1998的规定。
3. 焊缝结构除有图示外，其余均按GB 985—80的规定，对接焊缝采用V形，T形接头采用三角形。
4. 注口接头应相应之标准。
5. 焊缝用不锈钢焊接采用E1-23—16焊条，不锈钢与碳素钢焊接采用E1-23-13-16焊条，不锈钢两端用不锈钢焊丝焊。
6. 搅拌轴与壳体的焊接应作有表规定，其余焊缝应按各有关规定，本套材料的水压试验应作0.45MPa。
7. 设备组装后应完成试车，搅拌轴运行时应无较大的振动和噪声现象。
8. 不应有不正常的声和摩擦的等不良现象。
9. 设备外表涂红色醇酸红瓷漆。
10. 本设备所用地脚螺栓的直径为M24，设备总重约1100kg。

管口表

符号	公称尺寸	连接尺寸标准	数量	连接面形式	用途	备注
a	50	JB81—1994 50-1	1	1Cr18Ni9Ti	冷冻水进	0.6　l=135
b₁₂	50	JB81—1994 50-1	1	1Cr18Ni9Ti	冷冻水至	0.4　l=135
c₁₂	125	JB81—1994 125-1	1	1Cr18Ni9Ti	物料	0.5
d	150		8	石棉		0.02
e			8	Q235-A		0.02　0.16
f	50	JB81—1994 50-1	1	1Cr18Ni9Ti	酸液	0.06　0.48
g	25	JB81—1994 25-1	1	1Cr18Ni9Ti	碱液	1.2
h	27	JB 81—94	1	螺	温度	2.7　l=750
i	25	JB81—1994 25-1	1	1Cr18Ni9Ti	酸碱度	0.9
j	40	JB81—1994 40-1	36	Q235-A	效	0.32　11.5
			36	35		0.06　2.16

明细表（上）

序号	名称	图号与标准号	数量	材料	单件	总重	备注
35	补强圈DM5	JB/T 4736—95	1	Q235-A	3.20		
34	手孔 A DM150	HG/T 2529—1995	1	1Cr18Ni9Ti	15		
33	夹套		6	65Mn	0.01	0.06	
32	螺母 M12×	GB/T1170—2000	6	Q235-A	0.02	0.12	
31			6	35	0.05	0.3	
30	补强圈 DM2	JB/T 4736—95	1	Q235-A	2.5		
29	接管 ∪-2	JB/T 81—94	1	1Cr18Ni9Ti	0.2		l=145
28	垫片 178×133	GB/T 971—2002	4	橡胶	0.02		
27			3	1Cr18Ni9Ti			
26	法兰盖 DN125	GB/T1170—2000	1	Q235-A	0.04	0.32	
25	螺母 M	GB/T 5782—2000	8	35	0.13	1.04	
24	螺栓 M24×1		8	1Cr18Ni9Ti	1.22		
23	减速器		1		3.78		
22	镜 10×5		2	Q235-A	0.04		
21	法兰 DN25—2	GB/T1170—2000	1	1Cr18Ni9Ti	0.5	0.9	l=300
20			1	1Cr18Ni9Ti			
19		JB/T 81—94	2	1Cr18Ni9Ti	10		
18	法兰 DN25—2		1				
16	其套 DN1000×	JB/T 4737—95	1	1Cr18Ni9Ti	130	97	
15	法兰 DN1000 —	JB/T 81—94	2	1Cr18Ni9Ti	130	260	
14	垫板 1065×10		4	石棉	0.5		
13	垫板 280×1		1		18		
12	支座 B2	JB/T 81—94	4	Q235-A	4.5		=10
11	罐体本 DN1000	JB/T 4725—92	4	1Cr18Ni9Ti	7.16	28.6	
10	夹套本 DN1100		2	Q235-A	250H	=1000	
9	裙座 U		1	1Cr18Ni9Ti	160	=970	
8	镜 12×4		8	Q235-A	20		
7	搅拌器 300		4		0.05		
6	封头 DN100×	JB/T 4737—95	1	1Cr18Ni9Ti	2.8		
5	法兰 DN50	JB/T 4737—95	4	Q235-A	0.7	2.8	l=135
4	接管 ∪+22	JB/T 81—94	4	10	1.4		
3			4	Q235-A	0.7	1.4	l=145
2	法兰 DN50—2	JB/T 81—94	2	1Cr18Ni9Ti	0.7		l=145
1			1	1Cr18Ni9Ti			
序号	名称	图号与标准号	数量	材料	单件	总重	备注

明细表（下）

序号	名称	图号与标准号	数量	连接面形式	材料	单件	总重
46	接管 ∪+22	JB/T 81—94	1		1Cr18Ni9Ti	0.6	l=135
45	接管 ∪+	JB/T 81—94	1		1Cr18Ni9Ti	0.4	l=135
44	接管 M27				1Cr18Ni9Ti	0.5	
43			1		石棉	0.02	
42	螺母 M12×	GB/T1170—2000	8		Q235-A	0.02	0.16
41			8		35	0.06	0.48
40	法兰盖 DN50×		1		1Cr18Ni9Ti	1.2	
39	接管 ∪+22	JB 81—94	1		1Cr18Ni9Ti	2.7	l=750
38	法兰 DN 4.0—2	GB/T 5782—2000	2		1Cr18Ni9Ti	0.9	l=135
37	螺栓 M20×60	GB/T 5782—2000	36		35	0.32	11.5
36	螺母 M	GB/T1170—2000	36		Q235-A	0.06	2.16

材料标况

阶段标况		单位名称　××反应器
质量 1100	比例 1:10	
		图样代号

A—A旋转 1:2　B—B 1:5　C—C旋转 1:2

(1) 从主标题栏可知该图为反应罐的装配图，设备容积为1m³，绘图比例为1：10。

(2) 视图以主、俯两个视图为主，主视图基本上采用全剖视（电动机与传动部分未剖），管口采用多次旋转剖视的画法，另外有3个局部剖视图"A—A"、"B—B"、"C—C"和一个局部放大图，图纸的右上方有明细栏、技术特性表、管口表、技术要求等内容。

(3) 从明细栏可知，该设备共编了46种零部件序号。

(4) 从管口表可知该设备有a，b，…，j共10种管口符号，编号为b、c的各有两个接管，在主俯图上可以分别找出它们的位置。

(5) 从技术特性表可了解该设备的操作压力、温度、物料、电动机功率，搅拌转速等技术特性数据。

2. 详细分析

反应罐的基本结构包括：罐体、夹套、搅拌装置、传动装置和轴封装置及接管和手孔等。

(1) 零部件结构形状。图2-20中，罐体（件号10）、夹套体（件号11）和两个椭圆形封头（件号5、6），组成了设备的整个壳体。壳体周围焊有耳式支座（件号12）四个，除冷却盐水的接管外，其余管口均开在封头上。

(2) 搅拌器轴（件号7），材料为1Cr18Ni9Ti，直径为300mm，用42.2kW的电动机带动，转速为200r/min。搅拌器轴与减速器输出轴之间用联轴器连接。

(3) 该设备的传热装置采用夹套，用盐水进行冷却，由管口b进入，由管口c引出。

(4) 该设备的手孔（件号为34）规格为DN150，其开口方位以俯视图为准。

(5) 出料口（件号2）为公称直径为50mm的不锈钢管（材料为1Cr18Ni9Ti），沿设备内壁伸入釜底中心，便于出料时尽可能排净。

另"A—A"剖视图表示了测酸碱度接管的详细结构；"B—B"剖视图表示了测酸液接管的详细结构；"C—C"剖视图表示了测温管的详细结构。

尺寸的阅读及设备的加工方法通过图纸和技术说明自己分析。

3. 归纳总结

该设备用于物料的反应过程，过程在常压下进行，并需用盐水冷却降温至40℃条件下搅拌进行。夹套内的温度为−15℃，压力为0.3MPa，冷却盐水由管口b进入，管口c引出。

由此归纳出：对于一般的带搅拌的反应罐，除了罐体形状及附属的通用零部件，主要抓住传热装置、搅拌器形式，传动装置及密封装置四个方面就能掌握一般反应罐的主要特点了。

其他的典型设备的简图阅读与反应罐的设备简图阅读方法相同，请参考以上步骤进行。

小结

通过本模块的学习，要求掌握以下内容。

1. 熟悉常见化工设备的结构，掌握化工设备的结构特点。

2. 掌握化工设备图的作用和内容。

3. 熟悉化工设备图的图示方法，能够熟练阅读化工设备图。

教学建议

1. 为提高教学效果，建议采用多媒体教学手段，先认识典型化工设备的实物，总结典型设备的结构特点。

2. 通过一典型设备图的识读，了解设备图的图示特点，掌握设备图的识读方法和顺序。

思考与练习

想一想

1. 写出四种常见化工设备，并总结化工设备的结构特点是什么？

2. 化工设备图的作用及内容有哪些？化工设备图有哪些表达特点？需标注哪些尺寸？

3. 化工设备常见的焊缝接头有哪些？在化工设备图上如何表示？

做一做

阅读图 2-20 反应器的设备图回答下列问题。

1. 反应器共有_____种零部件，其中标准件有_____种。

2. 反应器接管口有_____个，接管 a 的作用是_____，接管 f 的作用是_____。

3. 图样采用了_____个视图，_____个局部剖视图，_____个局部放大图，主视图采用了_____表达方法。

4. 筒体与上封头采用_____连接，与下封头采用_____连接，各接管与上封头采用_____连接。

5. 反应器采用_____方式换热，传热面积为_____，换热介质为_____，共有_____个_____支座支承。

6. 反应器上的手孔作用是_____，零件 8 称为_____，其作用是_____。

7. 反应器罐内的工作压力为_____，夹套的工作压力为_____，罐内的工作温度为_____，夹套的工作温度为_____。

试一试

阅读书后所附设备图（洗涤塔），回答下列问题：

1. 该图的名称和比例如何？视图有哪些？采用了那些表达方法？

2. 该图有多少种零部件？其中标准零部件有多少种？各零部件的作用是什么？

3. 说明该图有几个接管及各接管的作用。

4. 设备的技术要求是什么？设备的工作压力和工作温度是多少？

5. 说明物料的走向。

模块三 工艺方块图的绘制与识读

化工生产从原料到制成目的产品，要经过一系列物理和化学加工处理步骤。工艺方块图不仅可以概略反映设计人员的设计意图，也是进行装置安装、了解工艺过程和指导生产依据的技术文件之一，因此是进行工艺流程交流的简明扼要而重要工具。作为一线生产者，需要掌握绘制与识读工艺方块图的方法，由此了解整个化工生产的工艺流程。

课题一 化工生产的认识

1. 化工生产的基本任务

化学工业、化学工程、化学工艺都简称为化工，即化工生产就是用化学方法改变物质组成、结构或制成目标产物的过程。

化工生产的基本任务归纳如下。

(1) 研究产品生产的基本过程和反应原理；

(2) 化工生产的工艺流程和最佳工艺条件；

(3) 生产中运用的主要设备的构造、工作原理及强化生产的方法。

通常生产的基本任务是通过图样的形式表示。

2. 化工单元操作及其分类

一种产品在生产过程中，从原料到成品，往往需要几个或几十个加工过程，这些过程就是化学工业的生产过程，简称化工过程。

从工业原料经过化学反应获得有用产品的任一化工生产过程都可概括为原料预处理、化学反应和产物的分离三个步骤。第一步依据化学反应要求对原料进行处理，多为物理过程。例如，固体原料破碎、磨细和筛分；原料提纯，除去有害杂质。由于化学反应的不完全及某些反应物的过量，副反应的存在，反应产物实际为未反应物、副产品和产品的混合物，要得到符合规格的产品，需要对产物进行分离和精制，如蒸馏、吸收、萃取、结晶等，主要也是物理过程。

由上述可见，化工生产可视为由物理过程和化学过程两类过程组成。考虑到被加工物料的不同相态、过程原理和采用方法的差异，可将物理过程进一步细分为一系列的遵循不同物理定律，具有某种功用的基本操作过程，称之为单元操作。化工产品生产的基本过程，都是由若干物理加工过程（即单元操作）和化学反应过程（即反应过程）组合而成。

从原料开始，物料流经一系列由管道连接的设备，经过包括物质和能量转换的加工，最后得到预期的产品，将实施这些转换所需要的一系列功能单元和设备有机组合的次序和方式，称为化工工艺流程，简称工艺流程。工艺流程反映了由若干个单元操作和反应过程按一定顺序组合起来，完成从原料变为目的产品的全过程。工艺流程的基本组成如图 3-1 所示，

图 3-1　工艺流程的基本组成示意图

它仅包含了化工过程的主要阶段。

课题二　工艺方块图的绘制

一、工艺方块图的图示方法

为描述化工生产过程，工程上通常用方块（矩形）表示所需单元操作、反应过程（也可表示用来完成该单元操作或反应过程的设备、车间或系统），用箭头表示物料流动方向，把从原料开始到最终产品所经过的生产步骤以图示的方式表达出来，这种工艺流程图就称为工艺方块图（也称为工艺方框图）。

图 3-1 就是工艺流程基本组成的工艺方块图。

在化工生产中，常常碰到一些很复杂的生产过程。例如氨碱法制纯碱的生产过程大致的步骤为：

（1）二氧化碳气和石灰乳的制备；

（2）盐水的制备、精制及氨化，制得氨盐水；

（3）氨盐水的碳酸化制重碱；

（4）重碱的过滤和洗涤；

（5）重碱煅烧制得纯碱成品及二氧化碳气；

（6）母液中氨的蒸馏回收。

如何描述上述从饱和食盐水氨化、碳酸化开始，经过过滤、煅烧、洗涤，滤液经蒸氨解吸、循环使用等这一系列复杂过程呢？显然，用语言和文字来描述这样一个复杂过程较繁琐，必须用简明的方法来表达这一生产过程，用图来描述要比文字更为方便、直观和简洁。工艺方块图解决了这个困难。

图 3-2 所示为氨碱法制纯碱的工艺方块图，简明扼要地反映氨碱法制纯碱的生产基本过程。

图 3-2　氨碱法制纯碱方块图

工艺方块图是化工流程图中最简单、最粗略的一种，它表示的是生产工艺的示意流程，通常在设计初期绘制，只是定性地描绘出由原料变化为成品所经过的化工过程或设备的主要路线。如果用来描述一个化工厂，一个方块代表一个车间或系统；如果用来描述车间或系统，一个方块可代表一个加工处理单元或设备。方块之间用带箭头的直线连接表示车间或设备之间的管线连接。

工艺方块图形象直观地用较小篇幅传递较多的信息，是工厂设计的基础，也是操作和检修的指南，无论在化工生产、管理过程中或在化工过程开发和技术革新设计时，还是在查阅资料或参观工厂时都要用到。另外用工艺方块图进行各种衡算，既简单、明了、醒目，也很方便。因此学会识读和绘制工艺方块图具有重要意义。

二、工艺方块图的绘制

由图 3-2 可以看出，工艺方块图是一种示意性的展开图，主要内容包括：反映单元操作、反应过程或车间、设备的矩形方块；物料由原料变成半成品或成品的运行过程——工艺流程线等。工艺方块图的绘制步骤如下。

（1）根据原料转化为产品的顺序，从左自右、从上到下用细实线绘出反映单元操作、反应过程或车间、设备的矩形，次要车间或设备按需要可以忽略。要保持它们的相对大小，以在矩形内能标注该单元操作、反应过程或车间、设备为宜，同时各矩形间应保持适当的位置，以便布置工艺流程线。

（2）用带箭头的细实线在各矩形间绘出物料的工艺流程线，箭头的指向要和物料的流向一致，并在起始和终了处用文字注明物料的名称或物料的来源、去向。

（3）若两条工艺流程线在图上相交而实际并不相交应在相交处将其中一条线断开绘出。

（4）流程线可加注必要的文字说明，如原料来源，产品、中间产物、废物去向等。物料在流程中的某些参数（如温度、压力、流量等）也可在流程线旁注出。

课题三　工艺方块图的识读

一、工艺方块图工程实例

图 3-3 是我国某大型化肥企业引进的粉煤化技术生产合成氨方块图。

图 3-3　以煤为原料生产合成氨的方块图

工艺流程说明：图 3-3 所示是以煤为原料生产合成氨的工艺方块图，每个方块代表一个装置（或工序），装置（或工序）的名称（如空分装置、低温甲醇洗）在方块中表示，图左端表示从原料煤出发，图右端箭头所指表示最终产品。

二、系统工艺方块图的识读方法

常见的工艺方块图大多为系统工艺方块图，即指化工生产过程中某一个工艺系统（一个车间或一个工段等）的工艺方块图。识读的目的主要是了解该工艺系统工艺流程原理概略；了解由原料到产品过程中各物料的流向和经历的加工步骤；了解该系统的单元操作、化学反应过程或主要设备的功能及其相互关系、能量的传递和利用情况、副产物和"三废"的处理及排放等重要工艺和工程信息，为今后专业学习、生产操作提供帮助。

识读的步骤是：

（1）了解原料、产品的名称或其来源、去向；

（2）按工艺流程次序，了解从原料到最终产品所经过的生产步骤；

（3）大致了解各生产步骤（或设备、装置）的主要作用。

三、系统工艺方块图的识读分析

下面通过图 3-4、图 3-5 为例对系统工艺方块图进行识读分析。

图 3-4　空压站方块图

从图 3-4 可以看出，原料为空气，产品为纯净空气。空气经压缩机压缩后送到冷却器，冷却后的空气先后送到气液分离器和干燥器进行脱水，脱水的空气送到除尘器经除尘后得到纯净的空气送进储气罐储存备用。

该压缩站由机器和设备组成，机器指压缩机，设备指冷却器、气液分离器、干燥器、除尘器、储气罐等设备。

从图 3-5 可以看出，原料为乙炔和氯化氢，产品为聚氯乙烯塑料。乙炔和氯化氢经分别提纯后进行合成反应制取聚乙烯单体，然后对聚乙烯单体进行精制，除去未反应的氯化氢、其他副反应物及杂质，将精制后的聚乙烯单体气体压缩、冷凝达到聚合反应所需的纯度和聚集状态，聚合后所得的聚氯乙烯塑料颗粒和水的悬浮液经脱水、干燥后即可得到聚氯乙烯塑料产品。

图 3-5　聚氯乙烯塑料生产方块图

总结：通过生产方块图，可以简捷明了地了解到从原料到产品整个工艺中所经过的物理和化学过程。

小结

工艺方块图是一种粗略化工流程图，可用于简单描述一个化工生产过程的基本原理及所用方案。学会识读和绘制工艺方块图是学习其他化工流程图及专业知识的重要基础。

1. 识读的步骤

(1) 了解原料、产品的名称或其来源、去向；

(2) 按工艺流程次序，了解从原料到产品所经过的生产步骤；

(3) 大致了解各生产步骤（或设备、装置）的主要作用。

2. 工艺方块图的绘制步骤

(1) 根据原料转化为产品的顺序，从左自右、从上到下用细实线绘出反映单元操作、反应过程或车间、设备的方块。

(2) 带箭头的细实线表示单元操作间物料的流程线，箭头指向要和物料流向一致，在始点和终端用文字注明物料来源、去向。

(3) 若两条工艺流程线在图上相交而实际不相交，应在相交处将其中一条线断开绘出。

(4) 流程线加注必要的文字说明，如原料来源，产品、中间产物、废物去向等。物料的某些参数（如温度、压力）也可在流程线旁注出。

教学建议

1. 为提高教学效果，建议采用多媒体教学手段。

2. 建议带领学生到化工企业参观某一流程，增强感性认识，再进行教学。

思考与练习

想一想

1. 什么是化工单元操作？

2. 系统工艺方块图的图示方法如何？系统工艺方块图的识读步骤？

3. 如何绘制生产方块图？

做一做

1. 请到化工企业参观一个车间或一个工段，绘出该车间或工段的工艺方块图。

2. 识读习题图 3-1 的尿素生产方块图，并回答问题。

(1) 原料为_____和_____，产品为_____。

(2) _____经预热后与_____进行合成反应，得到的混合物经_____除去未反应物、经_____去杂质，然后_____除去水分，最后通过造粒即可得到颗粒状_____产品。

习题图 3-1　尿素生产方块图

3. 识读习题图 3-2 甲醇回收方块图，并回答问题。

习题图 3-2　甲醇回收方块图

（1）原料为含_____，产品为_____。

（2）含甲醇溶液通过_____将其打入_____，经过_____的含甲醇溶液被送进脱甲醇塔，由_____对脱甲醇塔内的含甲醇溶液进行_____，汽化后的_____由脱甲醇塔进入_____，经冷凝器冷凝后即可得到成品_____。

（3）该系统共有机器_____台、设备_____台，自左到右分别为_____、_____、_____、_____、_____。

试一试

尝试通过附图中所给的物料流程图画出其系统的生产的方块图。

模块四　PFD 图和 PID 图的识读

作为化工生产一线的技术工人，要保证产品优质，生产中的首要任务之一是熟悉整个生产的工艺流程和最佳工艺条件，做到心中有数。通过流程图可方便快捷地了解物料的工艺流程，设备的数量、名称和位号，管路的编号及规格，各控制点的部位和名称，所以应具备识读工艺流程图的技能。

通过本模块的学习，首先应了解工艺流程图的分类和基本知识，熟悉流程图的图示方法，掌握识读 PFD 图和 PID 图的顺序和步骤。

课题一　化工生产工艺流程的认识

一、化工生产工艺流程概述

化工生产技术通常是对一定的产品或原料提出的，例如硝胺的生产、甲醇的合成、硫酸的生产等，在生产中都有其特殊性，需要解决共同问题是：原料和生产方法的选择；流程组织；所用设备（反应器、分离器、热交换器等）的作用、结构和操作；催化剂及操作条件的确定；生产控制；产品规格及副产品的分离和利用；安全技术和技术经济等问题。其中生产工艺流程组织是关键的一环。

化工生产工艺流程即化工技术或化学生产技术，指将物料经过化学反应转变为产品的方法和过程，包括实现这一转变的全部措施。化学生产过程可概括为三个主要步骤。

（1）原料处理　根据具体情况，不同的原料需要经过净化、提纯、混合、乳化或粉碎（对固体原料）等预处理，使原料符合进行化学反应所要求的状态和规格。

（2）化学反应　经过预处理的原料，在一定的温度、压力等条件下进行反应（如氧化、还原、复分解、磺化、异构化、聚合等），以达到所要求的反应转化率和收率，获得目的产物或其混合物。

（3）产品精制　将目的产物或混合物分离，除去副产物或杂质，以获得符合组成规格的产品。每一步都需在特定的设备中，一定的操作条件下完成化学反应和物理的转变。

二、系统设备、控制件及仪表控制点的组成

在实现原料到目的产物的整个生产工艺中，系统由生产装备，管道输送系统及仪表控制附件组成。

生产装备包括动设备和静置设备，动设备指生产中提供动力的机械如泵、压缩机等；静置设备指化工容器如合成塔、换热器、储罐等。管道输送系统即物料传送系统，由管道组成件和仪表控制附件组成，管道组成件包括管子和管件（弯头、三通、法兰等），仪表控制附件包括阀门和各种检测仪表（压力表、温度仪和视镜等）。

图 4-1　物料流程图

生产工艺流程一般通过流程图表示，清楚明了，一目了然。

化工工程应用的流程图有很多种，如 PFD 图、能量流程图、工艺流程图、PID 图等。

（1）PFD 图，即物料流程图，其定义与图示方法、识读方法在后详述。如图 4-1 所示。

（2）能量流程图，用来描述界区内主要消耗能量的种类、流向与流量，以满足热量平衡计算和生产组织与过程能耗分析的需要。如图 4-2 所示，图面组成如下：

图 4-2　某酸厂能量流程图

① 带箭头的物流线与若干表示车间或工段的方框构成；

② 在物流线上方需标注能源的种类、流向与流量。

（3）工艺流程图，用来表示一个工厂或生产车间工艺流程与相关设备、辅助装置、仪表与控制要求的基本概况，供化学工程、化工工艺等各专业的工程技术人员使用与参考，是化工企业工程技术人员和管理人员使用最多、最频繁的一类图纸。包括：

① 全厂总工艺流程图，即物料平衡图，描述全厂的流程概况，为项目初步设计提供依据。如图 4-3 所示，图面组成如下：

图 4-3　某化纤厂物料平衡图

带箭头的物流线与若干表示车间或工段及物料名称的方框构成；

方框内应标明车间的名称，在物流线上方需标注物料的种类、流向与流量。

② 方案流程图，通常在物流平衡图基础上绘制，用来描述化工过程的生产流程和工艺路线的初步方案。常用于化工过程的初步设计，也可作为进一步设计的基础。

（4）PID 图，即管道和仪表流程图，由物料流程、控制点和图例三部分组成。一般在完成设备设计而且过程控制方案基本确定之后绘制，如图 4-6 所示为空压站的 PID 图。其定义与图示方法、识读方法在后详述。

三、工艺流程图的实例

图 4-1 所示为乙苯与二甲苯分离的物料流程图，清楚地表示了整个系统的生产装备，物料的来源去向及物料的特性。

要熟悉整个系统的生产工艺流程，识读工艺流程图是关键。本模块主要介绍 PFD 图和 PID 图的识读。首先应熟悉 PFD 图和 PID 图的图示方法，掌握识读的顺序和步骤。

课题二　PFD 图的图示及识读

一、PFD 图的基本知识

PFD 图是一种以图形与表格相结合的形式反映物料衡算结果的图样。

PFD 图是在设计过程中完成物料衡算和热量衡算之后绘制的，即可为设计审查提供资料，又可为进一步设计提供重要数据，还可供日后的生产操作参考。

二、PFD 图的表示方法

图面由带箭头的物料线与若干表示生产装置区、工段（或设备、装置）的简单的外形图构成。图中须标注：装置设备或工段的名称及位号、特性参数；带流向的物料线；物料表，对物料发生变化的设备，要从物料管线上引线列表表示该处物料的种类、流量、组成等，每项均应标出其总和数。如图 4-4 示。

序号	物料名称	流量/(kmol/h)	组成/(mol%)
1	乙苯	1.630	98.3
2	对二甲苯	0.009	0.57
3	间二甲苯	0.019	1.13
4	邻二甲苯	0	0
	合计	1.658	100.00

R104
乙苯储罐

图 4-4　PFD 图（部分）内容示意图

PFD 图一般以车间或装置为单位进行绘制。

PFD 图的表示方法：采用自左至右的展开式，先画流程图，再标注物料变化的引线列表，物料管线用粗实线，设备引线及表格等用细实线表示。

当物料组分复杂、变化多，在流程图中列表有困难时，如列表太挤或者流程图延长较多等，也可在流程图的下部，按流程图的顺序自左至右列表，并编排顺序号，以便对照查阅。

三、PFD 图的识读顺序和方法

(1) PFD 图的识读顺序按照先读设备概况，其次识读主要物料流程，再看主要物料的变化表进行。

(2) 物料流程图的识读方法与方框图的识读相同，在此不再赘述。

四、PFD 图识读分析

图 4-5 所示为某空压站的物料流程图，由图中可以看出：

图 4-5　物料流程图

（1）空压站的主要设备组成，卧式单列三级空压机 C0601A-C 共三台；后冷却器 E0601 一台，$F=57m^2$；气液分离器 V0601 一台，$F=57m^2$；干燥器 E0602A-B 两台，$F=57m^2$；除尘器 V0602A-B 两台，$F=57m^2$；储气罐 V0603 一台，$V=100m^3$。

（2）主要物料的工艺流程，经空压机压缩后的空气，进入后冷却器 E0601 冷却。冷却后的压缩空气进入气液分离器 V0601，进行气液分离。从气液分离器出来的气体再进入干燥器 E0602，进行干燥。干燥后的气体进入除尘器 V0602 除尘，最后进入储气罐 V0603，为仪表及生产装置用气。

（3）从物料表格中可知，空压站经压缩机压缩后的空气主要组成为 O_2、N_2、稀有气体、CO_2、杂质，以及每种成分的摩尔组成和摩尔流量，如 O_2 占 20.94%，摩尔流量为 10.09kmol/h，空气总摩尔流量为 48.18kmol/h。经冷却、气液分离、干燥、除尘等处理后，O_2 摩尔组成 21.30%，摩尔流量为 10.09kmol/h，空气总摩尔流量为 47.38kmol/h，处理后杂质含量明显降低。其他成分在处理前后的组成和摩尔流量自己识读。

课题三　PID 图的图示及识读

一、PID 图的基本知识

PID 图分为工艺管道及仪表流程图、辅助系统管道及仪表流程图。它是在方案流程图的基础上绘制的，是设备布置图与管道布置图的设计依据，也是指导施工、操作运行及检修的指南。

二、PID 图的表示方法

1. PID 图的内容

PID 图一般以工艺装置的主项（工段或工序）为单元绘制，也可以装置为单元绘制。由于绘制 PID 图时，已经完成了相关的一些计算环节，所以，PID 图一般要求将化工工艺和所需的全部设备、机器、管道阀门及管件、仪表等尽可能的表示出来，内容更详细，但仍然是一种示意性的展开图。主要包括以下内容。

（1）带有位号、名称和管口的各种设备示意图；

（2）带有物料代号、管段序号规格和阀门以及仪表控制点等各种管道流程线，流程线上箭头表示物料流向；

（3）表示管件、阀门和控制点（如测温、测压、取样点等）图例符号的说明。如图 4-6 所示。

2. PID 图的表示方法

（1）选图幅定比例　由于图样为示意性的展开图，图形多呈长方形，因而图幅常采用 A_1 或加长的规格。PID 图不按比例绘制，设备的图例只取相对的比例，图面应协调美观。

（2）设备位置高低的表示　用细实线确定地平线的位置，相对示意出各位置的高低，如图 4-7 所示。

（3）设备的表示　根据流程自左至右用细实线画出设备的简略外形和内部特征（如塔的填充物和塔板、容器的搅拌器和加热管等）。对于过大或过小的设备，可适当缩小或放大。常用设备的画法见附表 2。画图时注意各设备间要留有一定的距离，以便布置管道流程线等。

图 4-6 空气压缩站 PID 图（管道及仪表流程图）

图 4-7 某工段 PID 图 (管道和仪表流程图)

对图中的每个设备都应编写设备位号及注写设备名称，设备位号的组成如图 4-8 所示。

图 4-8　设备位号的组成

① 设备分类代号及图例，见附表 2。

② 主项代号采用两位数字，从 01 开始编写，一般由工程总负责人给定。

③ 设备顺序号用两位数字，从 01、02、03 开始表示。相同设备的尾号则用大写英文字母 A、B、C 表示区别同一位号的相同设备。

（4）画流程线　带控制点的工艺流程图中的工艺管道流程线用粗实线绘制。对于辅助管道、公用系统管道只画出与设备相连的一小段，并在此管段上标出物料代号及该辅助管道或公用系统所在流程图中的图号。

管道流程线上除画出流向箭头及用文字标明其来源或去向外，还应用管道号进行标注，如图 4-9 所示。管道号一般包括五个部分：

① 物料代号。物料代号见模块一中的表 1-6；

② 管道编号，由该管道所在工序的工程工序编号和管道顺序组成；

③ 管道的公称通径。公制管只标数字（单位：mm），如 PG 0801—50。英制管需标注英寸符号，如 1/2 英寸、4 英寸；

④ 管道等级。一般不做标注，但对高压、高温等系统一定要标注；

⑤ 隔热、保温、防火、隔声代号。

图 4-9　管道的标注

（5）仪表、阀门和取样点的表示方法　管道上的阀门及其他管件应用细实线按标准所规定的图例在相应处画出，并标注其规格代号。现摘录"管道及仪表流程图上的管子、管件、阀门及管道附件的图例"和管路系统的图形符号阀门和控制元件（HG 20519—92）中的部分内容，分别见附表 1 和附表 3，供识读工程图时参考。

PID 图中的仪表控制点以细实线在相应的管道上用符号画出，符号包括图形符号和字母数字符号，字母表示工业仪表所检测参数和功能，数字表示仪表的位号；与图形符号结合表示此仪表控制点的用途及安装位置。表示仪表安装位置的图形符号见表 4-1，字母代号见表 4-2。

表 4-1　仪表安装位置的图形符号（HG/T 20519.2—2009）

序号	安装位置	图形符号	备注	序号	安装位置	图形符号	备注
1	就地安装仪表	○		3	就地仪表盘面安装仪表	⊖	
		⊢○⊣	嵌在管道中	4	集中仪表盘后安装仪表	⊖(虚)	
2	集中仪表盘面安装仪表	⊖		5	就地仪表盘后安装仪表	⊖(虚)	

注：1. 仪表盘包括屏式、柜式、框架式仪表盘和操纵台等。

2. 就地仪表盘面安装仪表包括就地集中安装仪表。

3. 仪表盘后安装仪表，包括盘后面、柜内、框架上和操纵台内安装的仪表。

表 4-2　表示被测变量和仪表功能的字母代号

字母	第一位字母		后继字母	字母	第一位字母		后继字母
	被测变量或初始变量	修饰词	功能		被测变量或初始变量	修饰词	功能
A	分析		报警	N	供选用		供选用
B	喷嘴火焰		供选用	O	供选用		节流孔
C	电导率		控制	P	压力或真空		试验点（接头）
D	密度			Q	数量或件数	积分、积算	积分、积算
E	电压（电动势）		检出元件	R	放射性		记录或打印
F	流量	差		S	速度或频率	安全	开关或联锁
G	尺度（尺寸）		玻璃	T	温度		传送
H	手动（人工触发）	比（分数）		U	多变量		多功能
I	电流		指示	V	黏度		阀、挡板、百叶窗
J	功率			W	重量或力		套管
K	时间或时间程序	扫描	自动-手动操作器	X	未分类		未分类
L	物位		指示灯	Y	供选用		继动器或计算器
M	水分或湿度			Z	位置		驱动、执行或未分类的执行器

（6）编制图例（代号、符号及其他标准的说明）、填写标题栏

三、PID 图的识读顺序和方法

如图 4-6 所示为空气压缩站的 PID 图（即管道和仪表流程图）。

1. 工艺说明

待处理的空气经空压机压缩进入后冷却器冷却，经气液分离器将空气进行气液分离。再进入干燥器进行干燥，然后进入除尘器除尘净化，最后进入储气罐储存，为仪表及生产装置使用。

2. PID 图的识读顺序

一般 PID 图识读的顺序：

（1）了解情况浏览图纸，读工艺说明，熟悉图例；

（2）熟悉设备的名称、位号及数量，熟悉主要物料及辅助物料的流程；

（3）掌握主要物料的流程及控制情况；

（4）了解其他辅助流程线和控制点情况。

3．PID 图的识读方法

现以图 4-6 为例介绍识读的 PID 图的步骤。

（1）了解标题栏。从标题栏中了解所读图样的名称、设计者以及设计阶段，了解此图样共分为几张，此图是第几张等。

（2）了解图例说明。从图例说明中了解各种图形符号、代号的意义以及管道的标注等。

（3）熟悉整个流程设备组成情况及设备的名称、数量及位号等。本流程共有空压机 C0601A-C 三台；后冷却器 E0601 一台；气液分离器 V0601 一台；干燥器 E0602A-B 两台；除尘器 V0602A-B 两台；储气罐 V0603 一台，共 10 台机器设备。

（4）了解主要物料流程线。空气的压缩、冷却、分离、干燥、除尘处理是主要流程线。

（5）了解其他流程线。冷却水冷却排污流程为辅助流程。

四、PID 图的识读分析

图 4-6 归纳分析。

（1）从标题栏中了解此图样为施工阶段的空气压缩的管道仪表工艺流程图和设计者等。

（2）本流程设备组成情况：从图 4-6 中看出，卧式单列三级空压机位号 C0601A-C 共三台，型号相同；后冷却器（位号 E0601）一台；气液分离器（位号 V0601）一台；干燥器（位号 E0602A-B）两台；除尘器位号 V0602A-B 两台；储气罐（位号 V0603）一台。共 10 台设备。

（3）主要物料流程线情况。经空压机压缩后的空气，沿管路（IA0602-57×3.5）经测温点 $\overset{TI}{0601}$ 进入后冷却器。冷却后的压缩空气经测温点 $\overset{TI}{0602}$ 进入气液分离器，除去油和水的压缩空气经取样点 A 进入储气罐后，送至外管线供仪表和装置使用。

（4）其他辅助流程线情况。冷却水沿管路（RW0061-25×3）经截止阀进入后冷却器，与温度较高的压缩空气进行换热后，经管路（DR0602-25×3）进行排污。

（5）控制点的情况。空压站的工艺流程中，阀门主要有两种，一种是止回阀，共 5 个装在空压机出口和干燥器出口处，其他均为截止阀。

仪表控制点共有 7 个：温度显示仪 2 个；压力显示仪表 5 个，均采取就地安装的方式。

小结

本模块主要讲解化工生产流程图的分类、图示方法和识读，重点是识读 PFD 图和 PID 图的顺序和方法。难点是 PID 图的识读。

1．流程图的分类：

（1）PFD 图（物料流程图）；

（2）能量流程图；

（3）工艺流程图包括全厂总工艺流程图、方案流程图等；

（4）PID 图（管道和仪表流程图）。

2．PFD 图的识读顺序和方法

（1）设备概况；

（2）主要物料及辅助物料流程；

（3）主要物料的变化表的识读。

3．识读 PID 图的顺序和方法

（1）了解情况浏览图纸，读工艺说明，熟悉图例；

（2）熟悉设备的名称、位号及数量，熟悉主要物料及辅助物料的流程；

（3）掌握主要物料的流程及控制情况；

（4）了解其他辅助流程线和控制点情况。

教学建议

1．在学习本模块内容前，应带学生到实验室或实训车间参观、实习，让学生对化工生产、生产设备以及生产装置有一个感性的认识与了解。

2．教学过程中，应注重图的基本知识和如何识读。

3．教学过程中，应注意实训设备或装置与课堂教学的相对应，要采用看（实训装置）、讲（课堂教学）、做（学生自己动手）一体化的教学模式。

思考与练习

想一想

1．工艺流程图的分类？

2．PFD 图和 PID 图的图示特点？

3．识读 PFD 图和 PID 图的顺序和步骤？

做一做

1．如图 4-1 所示物料流程图为乙苯与二甲苯分离的工艺流程图。

通过识读乙苯与二甲苯分离工段的工艺流程回答下列问题：

（1）了解到乙苯与二甲苯分离工段的主要设备组成情况，设备的名称分别为 _____，对应的位号分别为 _____，共有 _____ 台设备。

（2）该流程主要物料为 _____，其工艺流程处理的走向为 _____，经处理各组分的参数发生了变化，如进入预热器前的物料中乙苯的质量百分数为 _____，处理后进入乙苯槽时乙苯的质量百分数为 _____。

（3）识读物料表格，分离前含甲苯的乙苯溶液的主要成分为 _____，如乙苯的摩尔流量为 _____，含量 _____，邻二甲苯的含量 _____；分离后乙苯的摩尔流量为 _____，含量 _____，邻二甲苯的含量 _____；分离前后参数明显发生变化。

2．如图 4-7 所示，来自分离工段的含甲醇溶液进入储槽，经进料泵将物料加压后送入预热器预热，预热后的物料送入脱甲醇塔。塔内物料经再沸器加热，汽化的甲醇由塔顶进入塔顶冷凝器，冷却后的甲醇一部分回流至脱甲醇塔，另一部分去甲醇成品储槽。脱甲醇残液由塔底出塔去中间馏分储槽。

通过识读图 4-7，回答下列问题：

(1) 从标题栏中了解此图样的设计阶段为_____，图样名称为_____，设计者等情况。

(2) 本流程设备组成情况：设备名称分别为_____，位号分别为_____，共有_____台设备。

(3) 主要物料为来自分离工段的含甲醇的溶液，其管线的代号_____、管道规格_____、走向_____。主要经过设备为_____，经过_____个控制点，_____个取样点。

(4) 辅助流程线为上水和蒸汽的流程，来自蒸汽分配盘的蒸汽管线的代号_____、管道规格_____、走向_____。主要经过设备为_____，经过_____个控制点，_____取样点。

(5) 本流程控制点的类型为_____、安装的方式_____。

试一试

尝试读附图中萃取装置的物料流程图和管道及仪表工艺流程图。

1. 识读 PFD 图，回答以下问题：

(1) 萃取分离装置中设备组成、名称、数量；

(2) 预处理物料及 CO_2 流程走向、流经的主要设备；

(3) 萃取分离前后物料表的识读，预处理物料的成分、组成、参数有何变化。

2. 识读 PID 图，回答以下问题：

(1) 熟悉萃取分离装置中设备的名称、位号、数量及相关设备的参数；

(2) 掌握预处理物料及 CO_2 流程及相应控制点的设置情况；

(3) 预处理物料流程中控制点种类、安装位置、数量；

(4) 了解低压蒸汽流程线和相应控制点设置情况。

模块五　管道单线图的识读

当你走进车间厂区，面对成排重叠交叉、错综复杂的管线，一定急于想弄清它的来龙去脉，掌握工艺的操作条件，安全进行生产和管理，那么你需要具备识读管道单线图的能力，与你的同事或技术人员进行交流协作，更好地完成生产任务。

管道单线图是管道布置图的一种，是施工和生产阶段最重要的一种图样。通过单线图的识读，可以明确设备的具体管口方位、按流程逐条查到管道及附件的平面位置及准确定位。

正如学习语文，需要掌握一定数量的字词和语法规则，现在应走的第一步是：了解管道系统的组成，熟悉组成件在图中的表示方法，将图与实物有机联系在一起，更好进行生产。

课题一　化工管路的认识

一、化工管道的结构组成

设备合理布置后，通过管道把设备有机连接起来，管道也称为管路，是介质输送的通道，同化工设备一样是化工生产中不可缺少的部分，使介质按工艺要求流动。管道系统主要由管道组成件和管道支承件构成。管道组成件指连接或装配管道的元件，包括管子、管件、

图 5-1　化工厂某车间的设备配管图

附件等。管子指管路的直线段，圆形管子使用普遍；管件的种类较多，弯头用于管道拐弯，三、四通用于管道分支处，大小头用于管道变径处；附件是附属于管道的部分，如阀门用于流体流量的控制与调节。管道支承件主要包括吊杆、支撑杆、鞍座、垫板、托座和滑动支架等附着件，保证管路的位置稳定。

如图5-1所示为化工厂某车间的设备配管。

二、管子的材料分类

管子的材料多种多样，主要分为两大类：金属材料和非金属材料。化工生产中，最常用的管材是金属材料，由于化工生产中管道连接方式较为固定，一般工艺管道多数为法兰连接，高压管道采用焊接，对于陶瓷管、铸铁管、水泥管采用承插连接，低压流体用的管道如给水、排水管采用螺纹连接。连接方式没有特殊必要时图上不做表示，而用文字说明。各种连接方式如图5-2所示。

图 5-2　各种连接方式与图示

课题二　管道单线图的图示

管道的单线图一般是在项目施工图设计阶段绘制的，通常以 PFD 图与 PID 图、设备布置图、化工设备图，及土建、电气仪表、自动控制等相关专业图样和技术资料作为依据，对所需管道进行合理布置与设计后，用单线绘制的管道布置图。如图5-3和图5-4所示为空压站除尘器的配管布置图。

管道的单线图包括下列图样。

单线绘制的管道布置图，指生产装置区内管道平面、立面布置图及空间位置的系统轴测图。

管段图，表达一台设备至另一台设备（或另一管道）间一段管道安装要求的立体图。

一、管道平面布置单线图的图示

（一）管道平面布置单线图

（1）一组视图，按正投影原理画一组平面（即俯视图）、立面剖视图，表达整个装置区

图 5-3 空压站除尘器管道平面布置图

图 5-4 除尘器设备配管的轴测图

的设备、建筑物的简单轮廓，以及管道、管件、阀门、仪表、控制点等的布置安装情况。

（2）尺寸及标注，注出管道及有关管件、阀门、仪表、控制点等的平面位置尺寸和标高，并标注建筑物轴线编号、设备位号、管段序号、控制点代号等相关内容。

（3）方位标，表示管道安装的方位基准。

（4）标题栏，注写图名、图号、设计阶段、比例等。

（二）管道布置单线图的视图

（1）管道的布置单线图一般只绘制平面图（或称俯视图），当平面图中的局部不够清楚时，可加绘剖视图、局部放大图和轴测图来表达。相应的剖视图和轴测图画在平面布置图所在的图纸上平面布置图边界线以外的空白处（不允许在平面布置图界线内空白处再绘制小的剖视图或轴测图），也可单独绘制。如图 5-3 所示是除尘器设备的配管平面图，为清楚示意高度方向的配管位置，加绘 A—A 剖视图和 5-4 所示的轴测图表达。

（2）管道平面布置单线图的配置，一般应按建筑物标高平面分层绘制，将楼板以下的设备和管道全部画出。

（3）对于多层建筑物或构筑物的管道平面布置的单线图，应按层次绘制，若在同一张图上绘制多层平面图，应按由下至上，由左至右的顺序排列，并在图上标注 EL××.×××平面。

（4）当几套设备的管道布置单线图完全相同时，允许只绘制一套设备的管道，其余可简化为方框表示，但在总管上应绘出每套支管的接头位置。

（三）平面布置图的表示方法

1. 建（构）筑物的图示

化工设备及管道的平面布置图通常是在建筑平面图上完成的，建（构）筑物通常以细实线绘制，如图 5-5 所示。与管道的安装布置无关的内容，适当简化。表达的内容与要求如下。

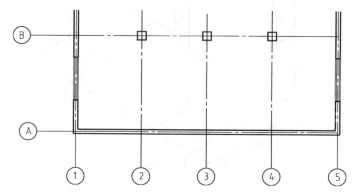

图 5-5　建筑物的平面轴线示意图

（1）与管道布置相关的建（构）筑物应按比例，以细实线画出基本结构，并标注相应的定位轴线与编号，及轴线间的距离。设备和管道平面位置的定位多以轴线作为基准。凡承重墙、柱、梁等主要承重构件的位置所画的轴线，称为定位轴线。定位轴线编号的基本原则是：在水平方向，从左到右用顺序的阿拉伯数字；垂直方向采用拉丁字母（I、O、Z 不用），由下向上编号；数字和字母分别用点画线引出，轴线标注式样如图 5-5 所示。

（2）标注建（构）筑物地面、楼面、平台面、及吊车梁顶面的标高。

（3）按比例用细实线画出其他相关设施的位置。

（4）标注各生产区、生活间、辅助间的名称等。

2. 设备的图示

设备在管道布置图中不是主要表达内容，用细实线绘制。对设备的图示要求如下。

（1）一般按比例画出设备的外形轮廓、基础所在位置、设备的附件等，并标注设备的定位尺寸。对于定型设备可画其简单外形，动设备如泵、风机等。

（2）应示意出设备的中心线及设备上全部管口，在设备中心线的上方标注与工艺流程图一致的设备位号，下方标注设备支撑点的标高"POS××.×××"，或设备主轴中心线的标高"EL××.×××"，5mm×5mm 的粗实线小正方形表示设备的管口（包括仪表接口和备用管口），并标注代号及管口的定位尺寸，如图 5-6 为一热交换器的在布置图的图示。剖视图上的设备位号可注在设备近侧或设备内。

（3）按比例示意出卧式设备的底座，标注定位尺寸。如在混凝土基础时，按比例画出基础大小，不标注尺寸。立式容器，应标注裙座位置及标注符号。

（4）按产品样本或设备图纸标注泵、风机及其他机械设备的管口定位尺寸，同时标写

图 5-6 设备及管口的标注

代号。

3. 管道及管件的图示

管道平面图的图示方法用正投影方法，按管道本身在投影面上的表示分双线法和单线法两种。单线法是在投影面上用一根线条画成的管子的图样，用粗实线绘制；双线法是在投影面上用两根线条画成的管子的轮廓线的图样，用中实线绘制，而中心线用细点画线绘制。如图 5-7 所示。

管道布置图中，公称直径大于或等于 250mm 的管道，采用双线表示；公称直径小于200mm 的管道，采用单线表示。若图中大于 350mm 的管道较多，也或将标准提高到大于或等于 400mm 的管道采用双线；小于 350mm 的管道，采用单线。

（1）单线图表示管道　如图 5-7（c）所示，为一立管的三面视图。管子摆放位置不同，其图形也不同。

(a) 管道实形图　　(b) 管道双线图　　(c) 管道的单线图

图 5-7　管道实物及单、双线表示的管
道的平面、正立面及侧立面图

一般要求如下：应根据工艺流程图在适当的位置用箭头表示出相应的物流方向。图 5-8为各种管道规定的单线图的画法。

图 5-8　各种管道单线图

（2）单线图表示管件　各管件摆放位置不同，其图形也不同。

① 90°弯头的单线图，如图 5-9（b）所示，为一左右水平短管与一向上的短立管组成的 90°弯头的三面视图。

(a) 90°弯头实形图　　　(b) 90°弯头的单线图

图 5-9　90°弯头实物及 90°弯头的平面、正立面及侧立面单线图

② 正三通的单线图，如图 5-10（b）所示，为一左右水平主管与一向上的分支管组成的 90°正三通的三面视图。

(a) 正三通实形图　　　　　(b) 正三通的单线图

图 5-10　三通实物及正三通的平面、正立面及侧立面单线图

③ 正四通的单线图，如图 5-11（b）所示，为一左右水平管与一立管组成的 90°正四通的三面视图。

(a) 正四通实形图　　　(b) 正四通的单线图

图 5-11　正四通实物及正四通的平面、正立面及侧立面单线图

④ 同心异径管的单线图，如图 5-12（b）所示，为一左右水平管上的同心异径管的三面视图。

4. 阀门及附属件的图示方法

管道布置单线图中常用阀门的画法，以正投影原理按比例用细实线画出，通常不按真实投影画出，而按 HG 20519—92 规定的图例表示（无标准图例时可采用简单图形画出外形轮廓）。应特别注意，阀的手轮安装方位，在视图上应予以表达，阀体长度、法兰直径手轮直

(a) 同心异径管实形图

(b) 同心异径管的单线图

图 5-12　同心异径管实物及同心异径管的平面、正立面及侧立面单线图

径及阀杆长度宜按比例用细实线绘出。阀标杆尺寸取其全开位置时的尺寸，方向应符合设计要求。

　　在化工管路中，截止阀（实物如图 5-13）是使用较多的一种阀门，按其连接形式，可分为内螺纹式截止阀和法兰式截止阀两种。图 5-14（a）、（b）表示内螺纹式截止阀的平、立、侧面单线图，图（a）未表示手轮；图 5-15（a）、（b）表示法兰式截止阀的平、立、侧面单线图，图（a）未表示手轮。其他类型的阀门在平面布置图上的表示见附表 4。

图 5-13　截止阀及法兰实物图

正立面图　　　右侧立面图　　　正立面图　　　左侧立面图

平面图　　　　　　　　平面图

(a) 未表示手轮　　　　(b) 表示手轮

图 5-14　内螺纹式截止阀的平、立、侧面单线图

　　安装在设备上的液面计、液面报警器、放空、排液和取样点，及测温点、测压点和其他附属装置上带有管道和阀门的，在管道布置图中也应画出，可不标注尺寸。其图示方法与管道流程图一致，并在该检测元件的平面位置处用细实线和图例连接。

　　管道常用各种形式的标准管架安装并固定在建筑物或支架上，管架的位置应在管道布置

正立面图　　　右侧立面图　　　正立面图　　　左侧立面图

平面图　　　　　　　　平面图

(a) 未表示手轮　　　　　　(b) 表示手轮

图 5-15　法兰式截止阀的平、立、侧面单线图

图上用符号表示出来，其画法如图 5-16 所示。一般标准支架按规定图例示意，非标准的管架应另外提供管架图。

有管托的管架(保温、保冷管等用)　　　　弯头支架或侧向支架

无管托或其他形式管架

(a) 单管管架　　　　　　　(b) 多管管架(也可用于单管)

图 5-16　管架的图示

二、管道轴测单线图的图示方法

管道轴测单线图是表达自设备间的一段管道及其所连接的管件、阀门、控制点等具体配置情况的空间图。管道轴测单线图是按轴测图投影原理绘制，立体感强，容易识读，有利于施工。但因图样要求表达的内容十分详细，所表达的范围较小，反映的只是个别局部，若要了解整套装置设备与管道安装布置的全貌，应与管道平面布置单线图、立面视图等配合，或设计模型与之配合。

1. 管道轴测单线图的分类与绘图原理

（1）管道系统轴测单线图分类　　按图形分为正等轴测单线图和斜等轴测单线图两种。

（2）管道轴测单线图的绘图原理　　管道轴测单线图按轴测正投影的原理绘图，识读轴测图时应熟悉轴测投影的规定。一般规定，轴测图的轴测轴有三根，斜等轴测图的轴间角如图 5-17 所示，3 根轴的轴向伸缩变形系数都相等，均为 1。如图 5-17（a）所示，OY 向左斜；如图 5-17（b）所示，OY 向右斜。正等轴测图的轴间角如图 5-18 所示

2. 管道轴测单线图的图示方法

管道轴测单线图一般采用斜等轴测图或正等轴测图投影按比例绘制，走向根据轴测图方位标的规定安排，并且应与管道平面布置图上的方向标的北向一致。

管道的空间位置有前后水平走向、左右水平走向、上下走向。管道在斜等轴测图中的方

(a) OY向左斜　　　　　　(b) OY向右斜

图 5-17　斜等轴测图的轴测轴及轴间角的关系示意图

图 5-18　正等轴测图的轴测轴及轴间角的关系示意图

位选定方法如下。

左右水平的管道，可选在 OX 轴及其延长线上（两条或两条以上管道时，为 OX 的平行线）；前后水平的管道，可选在 OY 轴及其延长线上（两条或两条以上管道时，为 OY 的平行线），一般为左斜。立管（上下走向），可选在 OZ 轴及其延长线上（两条或两条以上管道时，为 OZ 的平行线）。

（1）图示规定

① 所在管段均以单线（粗实线）绘制，并在适当位置表示物料流向的箭头。

② 管子与设备相接时，设备一般只画出管口与中心线。

③ 图中需表示出管子与管件、阀门的连接方式，连接方式与管道平面布置图相同，同时示意出阀门手轮与阀杆的方位和位置，如图 5-19 和图 5-20 所示。

④ 在管道轴测单线图中的弯管画成圆角（见图 5-19），并标注弯曲半径。标准弯头及 $R=1.5D$ 的无缝冲压弯头可画成直角，并标注焊缝。

⑤ 管子与坐标轴不平行的斜管，用细实线的长方体来标注此管道的空间位置，如图 5-19 所示。

⑥ 当管道穿越分区界线，分界线应以细点划线画出，在界线外注出延续部分所在的管道平面布置图的图号。如管道需横穿主项边界，边界线以细点划线画出，并在其外侧标注"B. L"字样图形，如图 5-19 所示。

⑦ 管段穿越楼板、平台和墙面时，应画出一小段示意图，并注明相应名称和标高。

⑧ 压力表、温度计等仪表与检测元件的图，与管道布置图要求相同，用标准图例绘制。

（2）标注

① 与坐标轴平行的管线、主项边界线、分区界线，以及连接设备的管口密封面和中心轴线，均可作为管道尺寸标注的基准线。标注的尺寸线与管道平行，尺寸界线应为垂直线。

法兰	PN	DN	密封面	数量	标准或图号	件号	标准或图号	名称规格	材料	数量	单位名称			
											设计		图纸名称	
											校核		（钢衬胶管W2-W4、	
											审核		W8、W10管段图）	
管段号	起点	终点	管段等级	设计压力	设计温度	名称规格	材料	数量			年月	比例		第 张

图 5-19　管道正等轴测单线图

② 与标注尺寸有关的设备，应画出相关设备的中心线，不必画设备外形，并标注设备位号。

③ 所选的基准点与管道布置图一致，从所选基准点到管道分支处、管道走向改变处、图形分界处的尺寸应一一标明。

④ 垂直管线的尺寸一般用标高示意，不标注高度尺寸。

⑤ 管件、阀门的尺寸标注一般指从基准线到阀门或管件法兰端面的距离。如螺纹或承插焊连接的阀门，在水平管路上尺寸指到阀门的中心线，在垂直管道上指阀门中心线的标高。

⑥ 所有短半径的无缝弯头、管帽、螺纹法兰、管接头、活接头等，须用规定的缩写词在系统轴测图中标注，常用缩写词如附表5所示。

另外，一幅完整的管道系统轴测图除了以上的图示和标注外，还应包括方位标、技术要求、材料表、标题栏等，如图 5-19 所示。

3. 管子与管件的斜等轴测单线图

图 5-20　管道斜等轴测单线图

（1）直管的斜等轴测单线图

① 1 条直管的斜等轴测单线图。

图 5-21（a）所示，是 1 条左右水平直管的平、立、侧面单线图，按管道在斜等轴测图上的方位选定方法，可选定该管在斜等轴测单线图上的方位在 OX 轴上（或在 OX 轴的延长线上）。其斜等轴测单线图如图 5-21（b）所示。

左右水平管在斜等轴测图上的长度，一般从 O 点起沿 OX（或 OX 轴的延长线）直接取直管在平面图上的实长。

同样方法，可据平、立、侧面单线图，画出 1 条前后水平的直管及 1 条立管的斜等轴测图。图 5-21（c）所示是 1 条前后水平的直管的平、立、侧面单线图，图 5-21（d）所示是 1 条前后水平的直管的斜等轴测单线图。图 5-21（e）所示是 1 条立管的平、立、侧面单线图，图 5-21（f）所示是 1 条立管的斜等轴测单线图。

前后水平管在斜等轴测图上的长度，一般从 O 点起沿 OY（或 OY 轴的延长线）直接取该水平管在平面图上的实长。而立管在斜等轴测图上的长度，一般从 O 点起沿 OZ（或 OZ 轴的延长线）直接取该立管在正立面图上的实长。

(a) 1条左右水平直管的平、立、侧面单线图

(b) 1条左右水平直管的斜等轴测单线图

(c) 1条前后水平直管的平、立、侧面单线图

(d) 1条前后水平直管的斜等轴测单线图

(e) 1条立管的平、立、侧面单线图

(f) 单线绘制的1条立管的斜等轴测图

图 5-21　1 条直管的斜等轴测单线图

② 2 条平行直管的斜等轴测单线图。

图 5-22（a）所示，分别是 2 条左右水平且同一标高的水平直管的平、立、侧面单线图，按管道在斜等轴测图上的方位选定方法，可选定 1 条管在 OX 轴上（或在 OX 轴的延长线上），另 1 条管在 OX 轴平行线上。其斜等轴测单线图如图 5-22（b）所示。

画左右水平斜等轴测图时，一般从 O 点起沿 OX（或 OX 轴的延长线）直接取第 1 条管子在平面图上的实长，在 OX 轴的平行线上再直接取第 2 条管子在平面图上的实长。两管的间距沿 OY（或平行于 OY 轴）按平面图反映的距离量取。

同样方法，可据平、立、侧面单线图，绘制 2 条前后走向且同一标高的水平管和 2 条立管的斜等轴测单线图。图 5-22（c）所示是 2 条前后水平的直管的平、立、侧面单线图，图 5-22（d）所示是 2 条前后水平的直管的斜等轴测单线图。图 5-22（e）所示是 2 条立管的平、立、侧面单线图，图 5-22（f）所示是 2 条立管的斜等轴测单线图。

(a) 2条左右水平直管的平、立、侧面单线图

(b) 2条左右水平直管的斜等轴测单线图

(c) 2条前后水平直管的平、立、侧面单线图

(d) 2条前后水平直管的斜等轴测单线图

(e) 2条立管的平、立、侧面单线图

(f) 2条立管的斜等轴测单线图

图 5-22　2 条直管的斜等轴测单线图

注意在斜等轴测图上的管子的长度及 2 条管子的间距。

（2）各种管件的斜等轴测单线图　各种管件摆放位置不同，其方位和斜等轴测图的图形也不同。

① 90°弯头的斜等轴测单线图。

图 5-23（a）分别是 90°弯头的平、立面单线图。可以看出，这是一个处于水平位置的 90°弯头，由 1 根左右走向的短管和前后走向的短管组成。由此可选定此 90°弯头在斜等轴测单线图上的方位是：左右走向的短管在 OX 轴上，前后走向的短管在 OY 轴上。90°弯头的斜等轴测单线图分别如图 5-23（b）所示。

画图时，从 O 点起，将 90°弯头的两短管在平、立面图上的实长，分别量在 OX 轴和 OY 轴上。

(a) 左右与前后水平的90°弯头的平、立面单线图　(b) 左右与前后水平的90°弯头的斜等轴测单线图

图 5-23　90°弯头的斜等轴测单线图

② 正三通和正四通的斜等轴测单线图。

图 5-24（a）分别是正三通的平、立面单线图，对应的斜等轴测图如图 5-24（b）所示。图 5-24（c）分别是正四通的平、立面单线图，对应的斜等轴测图如图 5-24（d）所示。

(a) 水平前后与垂直走向正三通的平、立面单线图　(b) 水平前后与垂直走向正三通的斜等轴测单线图　(c) 前后与左右水平走向正四通的平、立面单线图　(d) 前后与左右水平走向正四通的斜等轴测单线图

图 5-24　正三通及正四通的斜等轴测单线图

4. 管子及管件附件在轴测图上图示时注意事项

（1）绘制管子、管件斜等轴测图时，关键是选定管线方位。一般左右走向的管线选在 OX 轴上，长度是管子在平面图上的长度；前后走向的管线选在 OY 轴上，长度是管子在平面图上的长度；立管选在 OZ 轴上，长度是管子在正立面图上的长度。

（2）绘制管子、管件斜等轴测图时，应注意其摆放位置不同，图形也不同。

（3）阀门等附属件也应按轴测投影法在图上表示，阀门还应示意出手轮位置。

三、管道剖视图的图示方法

当管道平面位置图及正立面图不能清楚明了表达管道、阀门和其他附件详细结构时，用剖视图来表达。如图 5-25（a）所示的剖切位置，此时所得到剖视图如图 5-25（b）、（c）要

求同时画出被剖切的切断面和未剖切的断面。

识读管路剖视图时应注意：

（1）地平线以上的建筑和设备基础部分用细实线画出，并画出带管口的设备示意图；画出管路上各管件、阀门、控制点的规定符号；管路剖视图的管路线型和管路连接的规定与平面布置图一致。

（2）与平面布置图上标注的定位尺寸、编号及代号——对应。应标注装置区的定位轴线、标高尺寸，设备定位尺寸，管路定位尺寸，标注管路的编号，并判断管路的规格和介质流向。

（3）表示与平面图的对应的方向标，标题栏，并注写必要的说明。

（4）识读时应与平面布置图上的位置、投影方向对应，并标注在平面布置图上相同的编号。

图 5-25　某设备连接的管道平面布置图及剖视图

四、管道的交叉与重叠的图示方法

（一）管子在平面、立面图上的交叉

（1）管子在平面图上的交叉。图 5-26 是 2 条单线绘制的直管的平面图和正立面图。其中 1 管为高管，2 管为低管；当两管在平面图上形成交叉（交叉角为任意角度），其中 1 管未被遮挡，2 管与 1 管交叉处被 1 管遮挡，2 管在被遮挡处断开。

（2）管子在正立面图上的交叉。同样方法可画出管子在正立面图上的交叉，如图 5-27

是 2 条单线绘制的直管的平面图和正立面图。1 管在前，2 管在后被遮挡处断开。

结论：画管子单线图交叉时，被挡的管子断开。

图 5-26　2 条直管在平面图的交叉　　　　图 5-27　2 条直管在正立面图的交叉

（二）交叉管的斜等轴测单线图

图 5-28（a）所示，分别是 2 条交叉管的平、立、侧面单线图，从图中可看出，这 2 条管子标高不等且走向不同，1 管为左右走向的水平管且位置较高，2 管为前后走向的水平管且位置较低，两管在平面图上交叉，交叉角为 90°。按管道在斜等轴测图上的方位选定方法可选定：左右走向的 1 管在 OX 轴上或在其延长线上，前后走向的 2 管在 OY 轴上或在其延长线上。其斜等轴测单线图分别如图 5-28（b）所示。

画图时，交叉管的斜等轴测单线图在两管交叉处，1 管（位置较高的管）表示完整，2 管（位置较低的管）在交叉处断开。

两管在平、立面图上的实长，直接量在相应的轴及其延长线上，两管编号和在交叉处的上下距离，与平、立面图上的编号和在正立面图上交叉处的上下距离一致。

同样方法据平、立面单线图，画出 2 条在正立面图上交叉管的斜等轴测单线图。图 5-28（c）所示，分别是 2 条交叉管的平、立、侧面单线图，图 5-28（d）所示是 1 条立管与 1 条左右水平的直管的斜等轴测单线图。

画图时，交叉管的斜等轴测单线图在两管交叉处，1′ 管（前管）表示完整，2′ 管（后管）在交叉处断开。

(a) 前后与左右走向交叉的　(b) 前后与左右走向交叉的　(c) 立管与左右走向水平管　(d) 立管与左右走向水平管
　水平管的平、立面单线图　　水平管的斜等轴测单线图　　交叉的平、立面单线图　　交叉的斜等轴测单线图

图 5-28　交叉管的斜等轴测单线图

（三）管子在平、立面图上的重叠

管子在平、立面图上的重叠，一般采用的方法是"断高前露低后"，即假想将高管或前

边的管中间截去一段，露出位置较低或后边的管子。

管子一般画成单线图，在高（前）的两断口处画成S形折断符号，而低（后）管的两端不画折断符号。

1. 管子在平面图上的重叠

(1) 2条直管在平面图上的重叠。图5-29为2条直管的平面图、正立面图和左侧立面图。从图中可知1管为高管，2管为低管；两管在平面图上形成重叠。画图时将1管的两端口各画1个S，与2管端的间距2~3mm，2管的两端不画S。

(2) 多条直管在平面图上的重叠。图5-30为3条直管的平面图、正立面图和左侧立面图。从图中可知1管为高管，2管位于中间，3管为低管；3管在平面图上形成重叠。画图时将1管的两端口分别画1个S，2管的两端口分别画2个S，3管的两端不画S。

图5-29　2条直管在平面图上的重叠

图5-30　3条直管在平面图上的重叠

2. 管子在正立面图上的重叠

(1) 2条直管在正立面图上的重叠。同样方法可画出2条直管在正立面图上的重叠。图5-31为2条直管的平面图、正立面图和左侧立面图。

(2) 多条直管在正立面图上的重叠。同样方法可画出多条直管在正立面图上的重叠。图5-32为3条直管的平面图、正立面图和左侧立面图。

通过图可以分析各管的位置及相互关系。

图5-31　2条直管在正立面图上的重叠

图5-32　3条直管在正立面图上的重叠

课题三　管道单线图的识读

一、管道单线图的工程实例及工程说明

(1) 图5-3和图5-4为空压站除尘器的配管布置图，管材为无缝钢管，规格如图所示。空压站的设备布置图如图5-33所示。

(2) 标号IA的管为压缩空气管；标号BD管为排污管。

図 5-33 某空压站设备布置图

二、管道单线图的识读顺序和方法

一套管道单线图的识读顺序为:

(1) 了解情况先浏览;

(2) 重点图纸反复看;

（3）安装方法看大样；

（4）技术要求看规范。

一般按流体的流向，先识读 PFD 或 PID 图，其次识读平面图、系统轴测图，再识读剖视图。

管道单线图的识读方法为：

看管道的平面布置单线图时，先看水平面的平面图，再看相应的立面图、侧立面图，特别注意管道的走向在各平面图的表示。

在完成平面图的识读后，识读单线法绘制的系统轴测图，注意管线的走向与轴测轴的对应关系，前后走向的管线与 OY 轴一致，左右走向的管线与 OX 轴一致，立管与 OZ 轴一致；再读沿各轴测轴方向管线的几何尺寸。

在熟识管道平面布置图的基础上，首先弄清剖切符号（包括剖面位置、剖视方向、剖面宽度）在图上的表示，即先位置、宽度，后方向对剖视面投影，然后按投影方法看剖视图，把剖视图与被剖平面图一一对应看，注意长、宽、高尺寸和管道的变向及各管道间的连接。如果管道与设备直接连接，先要看清设备，再详细分析连接在设备的管道走向及长宽高的尺寸。对于较复杂的管路，可逐根对管道进行分析，然后找出各根管道间的相互关系。

只有对各视图综合且一一对应看，即可弄清管路的来龙去脉。

对于工程图 5-3 读图的方法是：

（1）了解情况　首先应读懂设计说明和了解系统的设备布置情况，其次识读平面布置图，看标题栏，熟悉图例、管线的标识、管材及附属配件的选择。图 5-3 中的管路布置图只表示了与除尘器有关的管路布置情况，图中只绘画了 EL100 平面图和一个 A—A 剖视图，图样采用了 1∶10 的比例。

（2）详细分析　看懂管路的来龙去脉，据 PID 图和设备布置图 5-33，找到起点设备和终点设备，从起点设备开始，按管路编号，逐条辨明走向、转弯和分支情况，将平面图与剖视图对照，将其投影关系逐条弄清。

在看懂管路走向的基础上，以建筑定位轴线或地面、设备中心线、设备管口法兰为基准，在平面图上查出管路的水平定位尺寸，在剖视图上查出相应的安装标高，将管路的位置一一确定，然后识读轴测图，掌握整体管子的空间走向。

归纳分析：按介质的流向

（1）压缩空气管　由平面布置图与系统轴测图（见图 5-4）对照可看出，压缩空气管路的走向为来自干燥器 E0602 的管路 IA0604-57×3.5（标高为 EL104.1）自北向南拐弯，然后自西向东，到达除尘器 R0602A 的左侧时分成两路：一路继续向东至另一个除尘器 R0602B；另一路向下，在标高为 EL102 处又分成两路，一路继续向下，经过阀门（标高为 EL101.5）后，在标高为 EL101 处向东拐弯，经过同心异径管接头后与除尘器 R0602A 的管口相接；另一路（IA0604-32×3）向南至除尘器前后对称面时向上拐弯（标高为 EL102），经过阀门（标高为 EL102.5）后到达标高为 EL104.1 处向东拐弯，经过除尘器 R0602A 的顶端时，与来自除尘器的管路相连，然后继续向东，再拐弯向下，在标高为 EL100.25 处拐弯向南，与来自除尘器 R0602B 的管路 IA0604-57×3.5 相接，出厂房后向上，向后拐弯去储气罐 V0601。

（2）排污管　除尘器底部的排污管 BD0604-32×3 至标高为 EL100.2 处向南，穿过墙壁后排入地沟。

检查总结：在所有管路全部分析完毕后，再综合地全面了解管路及附件的安装布置情况，检查有无错漏等问题。

三、单线图的识读分析

(1) 注意方位，在管道平面布置图上可示意出管路左右和前后水平走向，管路在平面上的定位尺寸一般以建筑定位轴线作为基准。

(2) 管道平面布置图应与系统轴测图的方位保持一致。

小结

本模块主要讲解管道单线图的图示方法及识读方法。

1. 管道单线图图示方法

包括：管道平面布置单线图、管道系统轴测单线图、管道剖视图的图示方法。

(1) 管道平面布置图的图示方法，按正投影原理，选择合适的投影面，一般选择水平面布置图（俯视图）。管子、管件、控制附属件的图形与摆放位置有关；当单线绘制管道交叉时，被挡处断开；当单线绘制管道重叠时，断开高管（前）露低（后）管。

(2) 管道系统轴测图分为正等和斜等轴测图两种，图示方法按轴测正投影的原理，选择合适的轴测投影轴。管子、管件、控制附属件的图形与摆放位置有关，一般左右走向的管线选在 OX 轴上，一般前后走向的管线选在 OY 轴上，一般立管选在 OZ 轴上。

(3) 管道剖视图的图示方法：管道剖视图注意剖切位置、投影方向、编号应与图对应，绘图时按正投影方向进行。

2. 管道单线图的识读顺序与步骤

(1) 管道单线图的识读顺序　了解情况先浏览；重点图纸反复看；安装方法看大样；技术要求看规范。

一般按流体的流向，先识读 PFD 或 PID 图，其次识读平面图、系统轴测图，再识读剖视图、剖面图等各种详图。

(2) 管道单线图步骤

① 管道平面图识读步骤：看标题栏了解情况；了解设备的平面布置情况，设备的具体位置、数量、编号等；管道的平面位置、规格、走向、输送介质等；各控制点的位置、类型、数量等详细情况。

② 管道轴测图识读步骤：在完成平面图的识读后，识读单线绘制的系统轴测图，注意管线的走向与轴测轴的对应关系，前后走向的管线与 OY 轴一致，左右走向的管线与 OX 轴一致，立管与 OZ 轴一致；再读沿各轴测轴方向管线的几何尺寸。

③ 管道剖视图、剖面图识读步骤：在熟识管道三面视图（包括水平面图、立面图、侧立面图）的基础上，首先弄清剖切符号（包括剖面位置、剖视方向、剖面宽度）在三面视图上的表示，即先位置、宽度，后方向对剖视面投影，然后按投影方法看剖视图，把剖视图与被剖平面图一一对应看，注意长、宽、高尺寸和管道的变向及各管道间的连接。只有对各视图综合且一一对应看，即可弄清管路的来龙去脉。

教学建议

1. 在学习此部分内容之前，请带领学生到生产车间参观、认知或通过实物模型，让学生对生产设备，管道及组成的附属控制件有个感性的认识与了解。

2. 在教学过程中，管道平、立、侧面图及轴测图的规定画法尽可能先通过实物演示，做到理论联系实际。

3. 学生学习过程中，应注意实物或模型与课堂教学的相对应，做到看、讲、学、做一体化的教学模式。

思考与练习

想一想

1. 管子及管件的平、立、侧图形与摆放位置有关吗？单线图绘制的规则是什么？

2. 单线图中，管子与管子交叉、重叠时如何示意？

3. 管子及管件的斜等轴测图图形与摆放位置有关吗？单线绘制的管道斜等轴测图中，管线的方位如何选定？

4. 在斜等轴测图中90°弯头有几种摆放位置？每种摆放位置是多少度？

5. 管道平、立、侧面图识读的顺序和方法？

6. 单线绘制的管道斜等轴测图识读的顺序和方法？

7. 管道剖面图及剖视图的识读的顺序和方法？

做一做

1. 习题图5-1所示为某软化水箱的三面视图。其中管材为镀锌钢管，规格如图。标号1管为软化水箱给水管；标号2管为溢流水管；标号3管为排污管；标号4管为软化水箱出水管；标号5为软化水箱。

(a) 单线绘制的管道平面图　　　　(b) 单线绘制的管道正立面图　　　　(c) 单线绘制的管道侧立面图

习题图 5-1　水箱配管的正立面、侧立面、平面单线图

按介质的流向，识读习题5-1，并回答下列问题：

(1) 给水管1规格为_____，走向为自左向右拐弯向_____，再拐弯向下和软化水箱的_____相连，给水管共用了_____个弯头，管道的连接方法为_____。

(2) 排污管3规格为_____，从软化水箱的出口向左，与一个_____阀连接，阀门

规格为_____，出截止阀后，流向不变，然后拐向下，到用水点。

（3）溢流管 2 规格为_____，走向为_____，溢流水管用了_____个弯头。

（4）出水管 4 规格为_____，走向为_____，出水管用了_____个弯头。

（5）根据习题图 5-1，绘制排污管 3 单线斜等轴测图。

2. 习题图 5-2～习题图 5-5 所示为某泵房的管道布置图。

习题图 5-2　管道平面布置单线图

习题图 5-3　管道 1—1 剖视图　　　　　　习题图 5-4　2—2 剖视图

工程说明：某水处理泵房的配管平面布置，水泵为 2DA-8 型，进水、出水管各一条，规格为 DN50，材料为无缝钢管。识读该图回答下列问题。

（1）识读平面视图可知离心泵设备型号为_____，数量为_____。

（2）进水管包括干管和横管，规格为_____，进水干管从断口起，走向为自_____

习题图 5-5　泵的进、出管的斜等轴测单线图

至立管的 90°弯头拐弯垂直向_____，拐弯向_____至泵的进口止。并装有装有规格为
_____法兰连接的_____阀门 1 个，控制件手轮方位向_____。

（3）出水管包括干管和横管，规格为_____，出水横管从立管的 90°弯头起，走至_____
止。装有规格为_____法兰连接的_____阀门 1 个。

（4）进水干管的标高为_____，进水横管的标高为_____；出水干管的标高为
_____，出水横管的标高为_____，指的是管_____标高；管沟的沟底标高
为_____。

3．图 5-20 为一供热炉供水及回水配管的斜等轴测图，粗实线表示为供水管，粗虚线表
示为回水管。按介质的流向，识读此图，回答下列问题：

（1）供热总管管径为_____，分为_____路，自锅炉顶部垂直向上至标高
_____，拐弯水平向_____，汇集为一路，拐弯水平向东，经一排气罐，分两路到两用
户，各路管径为 DN50。

（2）回水总管管径为_____，分两路各路管径均为_____，共同汇合成 DN80 进入
除污器内，从除污器出来再分_____路，管径仍为 DN50，进入_____，出来汇合成一
路，管径为 DN80，进锅炉前再分为两路，管径为_____。

（3）供水及回水管沿地沟暗敷设，标高为_____，水泵与阀、管子与阀连接采用
_____连接，其他管间连接及管与管件、法兰的连接均为_____。

（4）供热总管所需的弯头规格分别为_____和_____，数量各为_____和
_____，阀门规格分别为_____和_____，数量各为_____和_____。

（5）回水总管及供热总管所需的阀门种类分别为_____和_____，数量各为
_____和_____。

试一试

尝试读附录中的管道布置图，识读步骤：

(1) 萃取分离装置区中设备的平面布置情况，找出设备的具体位置、数量、编号等；

(2) 了解主要物料预处理物料及 CO_2 流程中管道的平面位置、规格、走向等；

(3) 预处理物料及 CO_2 流程中相应控制点的位置、类型、数量等详细情况。

附 表

附表 1 管道及仪表流程图上常用阀门图例（HG/T 20519.2—2009）

序号	名 称	图 例	序号	名 称		图 例
1	截止阀		10	升降止回阀		
2	节流阀		11	安全阀	角式弹簧式	
3	直流截止阀					
4	节流阀				角式重锤式	
5	闸阀		12	减压阀		
6	球阀		13	角式球阀		
7	碟阀		14	角式截止阀		
8	隔膜阀		15	三通截止阀		
9	旋塞阀		16	四通截止阀		

附表 2 管道及仪表流程图上常用管子及附件图例（HG/T 20519.2—2009）

名 称	图 例	名 称	图 例
主要物料管道		喷淋管	
次要物料管道		放空管	
原有物料		漏斗	
蒸汽伴热管道		喷射器	
柔性管		视镜	
翅片管		Y 型过滤器	
文氏管		T 型过滤器	
消音器		锥形过滤器	
可拆短管		阻火器	
同心异径管		偏心异径管	(底平)　(上平)
夹套管			

附表 3 管道及仪表流程图上设备机械常用图例 (HG/T 20519.2—2009)

种　类	代　号	图　例
鼓风机 压缩机	C	鼓风机　卧式　立式　离心式压缩机 旋转式压缩机 往复式压缩机　　四级往复式压缩机
塔	T	填料塔　板式塔　喷洒塔　筛板塔　泡罩塔　浮阀塔
反应器	R	固定床反应器　列管式反应器　流化床反应器　反应釜
换热器 冷却器 蒸发器	E	换热器　固定管板式　U形管式　浮头式　釜式　平板式 套管式换热器　空冷器　列管式薄膜蒸发器　(盘管式)蒸发器
容器	V	卧式容器　立式容器　填料除沫分离器 旋风分离器　锥顶罐　浮顶罐　湿式气柜　球罐

种 类	代 号	图 例
泵	P	 离心泵　水环式真空泵　螺杆泵　喷射泵 往复泵　隔膜泵　旋转泵齿轮泵　液下泵 旋涡泵

附表 4　管道布置图上常用管子及附件图例（HG/T 20519.2—2009）

名　称	图例符号	备　注	名　称	图例符号	备　注
外露管		表示介质流向	闸阀	法兰连接 螺纹连接	应注明型号
管线固定支架					
保温管线			截止阀		应注明型号及介质流向
带蒸汽伴热的保温管线					
法兰盖(盲板)		注明厚度	止回阀(单流阀)		应注明型号及介质流向
8字盲板		注明操作开或操作关			
椭圆形封头			旋塞阀		应注明型号
过滤器			减压阀		应注明型号
孔板		注明法兰间距	取样阀		
活接头		内外螺纹联接(需要焊死螺纹接口时应说明)	疏水器		
快速接头			液动阀(气动阀)		应注明型号
方形补偿器					
波形补偿器			同心异径管		

· 76 ·

附表 5　管道系统轴测图常用的管件和术语的缩写词

管件名称	缩写词	术语名称	缩写词
盲板	BLD	大约近似	APPROX
堵头	P	公称孔径	NB
管帽	C	管件直连	FTF
短管	NIP	隔热	INS
三通	T	不隔热	NO INS
管接头	CPLG	装置区边界	BL
吊架	H	装置边界内侧	IS. B. L
控制阀	CONT. V	支架顶面	TOS
旋塞阀	PV	尺寸	DIM
弯头	ELL	楼面	FL
活接头	UN	现场焊	F. M
法兰	FLG	轴测图	ISO
孔板	ORF	管道平面布置图	PAP
限流孔板	RO	管道仪表流程图	PID
导向	G	接续图	COD
碟阀	BV	公称直径	DN
针形阀	NV	底平面	FOP
偏心异径管	E. R.	顶面平	FOG
同心异径管	C. R.	地面	G. L
异径短管	SN	管顶	TOP
软管接头	HC	标高,立面	EL
管口	NOZ	管底	BOP
支架滑动架	RS	支撑点	POS
闸阀	GV	中心线	Φ
止回阀	CV	常开	N. O
长半径弯头	LRE	常闭	N. C
螺纹短管	TN	突面	RF
螺纹法兰	TF	凹凸	MF
无缝弯头	S. E	榫槽	TG
总管	HDR	法兰面	FLG. F
垫片	GSKT	异径管	RED
定向限位架	DS	公称压力	PN
截止阀	GL. V		
安全泄气阀	SV		

附　图

1. 工艺说明

本工程图是利用二氧化碳超临界状态的特性萃取某提纯物的工业化装置设计，它的主要流程为：

(1) 预处理过的原料用专用槽车运到车间后，进入物料储罐，经过搅拌加热后，用柱塞泵加压进入萃取釜；在规定的工艺条件下，与进入萃取釜的超临界二氧化碳充分接触，二氧化碳溶解并带出其中的有用成分，经减压、升温后，在解析柱和分离釜中进行解吸和分离；分离得到的产品和副产品经两级减压后进入成品罐和副产品罐；经过一段时间的运行并完成一个批次的操作后；经过减压平衡操作，萃余物（废料）在低压二氧化碳的压力下排出萃取釜内。进入废料罐，然后用槽车运出车间。包括进料、萃取分离、萃取液的收集、萃余物的排出几个过程。

(2) 二氧化碳包括新鲜二氧化碳储存和进入循环储罐，经流量检测后经过冷器、循环泵、预热器加压升温后进入萃取釜与物料接触，萃取其中的有用组分后，采用减压升温的方式在解析柱、分离釜中与萃取液分离；分离后的气体二氧化碳经冷凝器冷凝为液体后进入循环储罐循环使用；在本设计中，充分考虑了二氧化碳的回收系统，力求使 CO_2 的消耗降至最低。

2. 管道布置图图例和标注说明

(1) 本工程管道布置图所用的图参考 HG 20549.2—1998

图中缩写词简要说明：

POS EL	表示支承点标高
EL	表示管中心标高
BOP EL	表示管底标高
FTF	表示管件与管件直接连接
B.L	表示界区边界线

(2) 管道布置图标注说明

① 管道布置图、管口方位图右上角的方向标"DN"表示超临界萃取装置的设计北向，不表示实际北向。

② 管道布置图中管道标高 EL+×.×××指管中心标高，BOP EL+×.×××指管底标高。

③ 管道布置图中凡是与设备管口相接的管道均以设备管口标高计。

④ 管道布置图中立管上阀门标高 EL+×.×××指阀门中心标高。

3. 工程图绘制参考资料

(1)《化工装置设备布置设计规定》	HG/T 20546—1992
(2)《化工装置管道布置设计规定》	HG/T 20549—1998
(3)《管架标准图》	HG/T 21629—1999

	物料点	1		2		3		4		5		6		7		8		9		10		11		12		13		14		15		16		17		18	
1	物料名称	高压CO₂		萃取前CO₂		萃取后CO₂		萃取后CO₂		萃取后CO₂		一级分离后CO₂		一级分离后CO₂		二级分离后CO₂		冷凝CO₂		过冷CO₂		物料		物料		低压CO₂气		低压CO₂气		低压CO₂气		低压CO₂气		新鲜CO₂		新鲜CO₂	
2	来源	HP1A/B		EX4		EA/B		PV1		EH		S1		EX3		S2		EX1		EX2		T2		EA/B		EA/B		C2		EX5		HP2		HP2		HP3	
3	去向	EX4		EA/B		PV1		EH		S1		EX3		S2		EX1		C1		HP1A/B		HP4		EA/B(EH)		C2		EX5		HP2		C1		HP3		C1	
4	相态	液CO₂		超临界CO₂		超临界CO₂		液CO₂		气CO₂		气CO₂		气CO₂		气CO₂		气CO₂		液		液		液		气		气		液		液		液		液	
5	温度/℃	23		47		47		33		33		35		42		40		17.0		10		45		45		32		32		7		22		-23		-15	
6	压力/MPa	15		15		15		6.5		6.5		6.2		6		5.70		5.70		5		0		5		6		6		4		6		1.8		5.5	
7	组成	kg/h	wt%	kg/h	wt%	kg/h	wt%	kg/h	wt%	kg/h	wt%	kg/h	wt%	kg/h	wt%	kg/h	wt%	kg/h	wt%	kg/h	wt%	kg/h	wt%	kg/h	wt%	kg/h	wt%	kg/h	wt%	kg/h	wt%	kg/h	wt%	kg/h	wt%	kg/h	wt%
8	CO₂	14000	100	14000	100	14000	100	14000	100	14000	100	14000	100	14000	100	14000	100	14000	100	14000	100	6600	100	6600	100	1000	100	1000	100	1000	100	1000	100	4060	100.00	4060	100.00
9	夹带剂	微量	0.0	微量	0.0	微量	0.0	微量	0.0	微量	0.0	微量	0.0	微量	0.0	微量	0.0	微量	0.0	微量	0.0	0.00	0.0	0.00	0.0	0.00	0.0	0.00	0.0	0.00	0.0	0.00	0.0	0.00	0.0	0.00	0.0
10	物料	0.0	0.0	0.0	0.0	0.0	0.0	微量	0.0	微量	0.0	微量	0.0	微量	0.0	微量	0.0																			
11	废料																																					
12	正常流量/(kg/h)	10000	100	10000	100	10000	100	10000	100	10000	100	10000	100	10000	100	10000	100	10000	100	10000	100	6600	100	6600	100	1000	100	1000	100	1000	100	1000	100	4060	100.00	4060	100.00
13	最大流量/(kg/h)	12000		12000		12000		12000		12000		12000		12000		12000		12000		12000		6600		6600		1000		1000		1000		1000		4060		4060	

设计单位					生产单位
职 责	鉴 字	日 期			
设 计			设计项目	超临界萃取装置	
校 核			设计阶段	详细工程设计	
审 核			工艺物料	图号	MZ11.00—4
审 定			流程图	第1张	
比例	专业	工艺		共1张	

附图一　物料流程图

附图二　管道及仪表流程图

附图三　设备布置图

附图四 设备剖面图

附图五　管道平面布置图

附图六　管道剖视图

技术要求

1. 件 A 与件 19 为椭圆形底盖，其长轴之比为 1:5 。
2. 件 11 之填料圈系用白铁皮卷制，不必焊接。
3. 各开口位置均以俯视图为准。
4. 本设备安装于风力地区时，应考虑到稳定及安全。

乱堆填充圈
50×50×0.5
500M2

1:5

件3详图

件11详图

A—A

技术特性表

序号	名称	指标	
		管内	管间
1	工作压力/MPa	0.004	
2	工作温度/℃	38	
3	容积/m³		
4	物料名称	溶液	料气
5	水压试验MPa	0.1	

管口表

符号	公称尺寸	连接尺寸标准	连接面形式	用途或名称
a	250	JB 81-1994 250-1	平面	气体入口
b	400	JB 81-1994 400-1	平面	填充物出口(下)
c₁	80	JB 81-1994 80-1	平面	液体进口
c₂	400	JB 81-1994 400-1	平面	填充物进口(下)
d	400	JB 81-1994 400-1	平面	填充物进口(上)
e	250	JB 81-1994 250-1	平面	气体出口
f	400	JB 81-1994 400-1	平面	填充物出口(上)
g	80	JB 81-1994 480-1	平面	液体出口

序号	图号与标准	材料	单重	总重	备注
31		20	12.57	12.57	l=1100
30	JB/T 81	20	0.00	0.36	l=1100
29		Q235-A	0.78	1.56	
28		橡胶	0.006	0.012	
27		Q235-A	0.025	0.2	外购
26	GB/T 578	Q235-A	0.065	0.52	外购
25	HG 5-227		40	40	l=800
24		Q235-A	2.64	21.12	l=420
23		Q235-A	8.73	34.92	l=1390
22		Q235-A	3.45	13.80	l=550
21		Q235-A	151	302	δ=12
20	JB/T 81	20		9.16	l=195
19	JB/T 473	Q235-A		182.3	
18		Q235-A		2.80	δ=4
17		Q235-A		0.73	δ=5
16		Q235-A		0.7	δ=4
15		20	9.55	9.55	l=1140
14		Q235-A	4.5	9	
13		Q235-A		58	
12		Q235-A	0.78	2.34	l=5
11		Q235-A		7.90	
10	JB/T 472	Q235-A	1915	1915	l=5220
9	JB 577		27.5	110	
8	GB/T 578	Q235-A	0.158	10.12	外购
7	GB/T 578	Q235-A	0.666	42.62	外购
6		Q235-A	43.5	287	
5	JB/T 81	20	57.3	57.3	l=1100
4	JB/T 473	Q235-A	182.3	182.3	
3	JB/T 81	20	434	434	h=1005
2		Q235-A	0.26	3.12	δ=10
1			306	306	δ=25
序号	图号与标准	材料	单重	总重	备注

				(单位)
		(材料)		
标记	处数	分区		洗涤塔
设计			记 重量 比例	
审核			:	
工艺		共 张 第 张		(图样代号)

附图七 化工设备图（洗涤塔）

参 考 文 献

[1] 董振珂，路大勇主编. 化工制图 [M]. 第 2 版. 北京：化学工业出版社，2005.

[2] 姜湘山，吕洁主编. 管道工识图 [M]. 北京：机械工业出版社，2006.

[3] 周大军，揭嘉主编. 化工工艺制图 [M]. 北京：化学工业出版社，2005.

[4] 邵泽波主编. 化工机械与设备 [M]. 第 3 版. 北京：化学工业出版社，2007.

[5] 杨树才主编. 化工制图 [M]. 北京：化学工业出版社，2004.

[6] 中华人民共和国化学工业部. 化工工艺设计施工图内容和深度统一规定（HG/T 20519—2009）. 北京：化学工业出版社，2010.